숲에서 길을 만들고
물을 디루다

숲에서 길을 만들고 물을 다루다

초판 1쇄 인쇄| 2019년 7월 04일
초판 1쇄 발행| 2019년 7월 11일

지은이| 김영채
발행인| 한주은
편집| 도서출판 클북 편집부
표지 및 본문 디자인| 빈센트스튜디오
아트 디렉터| 조은미
영업| 프랭크 유통연구소

발행처| 도서출판 클북
등록| 2019년 2월 8일 제504-2019-0000002호
주소| 경북 포항시 북구 양덕로16번길 3층
전화| 054-255-0911
팩스| 054-613-5604
전자우편| ask.gracehan@gmail.com

이 책은 저작권법에 따라 보호받는 저작물이므로
무단 전재와 복제를 할 수 없습니다.
Copyright©김영채, 2019 Printed in Korea

ISBN 979-11-96748777 93530
이 책의 국립 중앙도서관 출판예정도서목록(CIP)은 서지정보 유통지원시스템 홈페이지 (http://seoji.nl.go.kr)와 국가자료 공동목록시스템(http://nl.go.kr.kolisnet)에서 이용하실 수 있습니다.(CIP제어번호: CIP2019025654)

숲 인문학자를 꿈꾸는
산림기술사의 숲속 단상

숲길은 사람 발길 따라
생겨나고 다져지듯

마음 속 길은
지속적인 생각을 따라
생겨나고 굳어진다.
헨리 데이비드 소로
Henry David Thoreau

차례

들어가는 글 남의 허물을 보기는 쉽다   12

제1부 숲에서 길을 만들다 임도林道에 관한 이야기

임도 개설의 99%는 노선 선정이다 ①   20
임도 개설의 99%는 노선 선정이다 ②   24
부끄러운 임도 설계가 하나 더 있다   30
임도 내각 155° 이상일 때 평면곡선 설치   33
일반지형과 특수지형 구분   37
비탈사면 녹화 전제조건   42
임도 노면 침하 대책   44
중앙 기술 자문단 임도 설계 자문   47
사도 死道   52
임도 표준품셈에 대해 ①   58
임도 표준품셈에 대해 ②   60
임도 표준품셈에 대해 ③   63
임도 표준품셈을 적용할 때 주의할 점   68
임도에서 최소관의 크기   72
임도는 고속도로가 아니다   75
옹벽의 견고성은 뒤채움이 결정한다   80
콘크리트 구조체를 연결하는 철근   84
입목 뿌리 밑막이와 근주이식 공종   88
불도저 투입   91
잔디의 우수성   94
물의 흐름을 방해하는 잔디   96

옆도랑 측구	100
횡단물매, 외쪽물매	104
암거 BOX 규격	110
임도 설계도면 작성 프로그램	114

제2부 숲에서 물을 다루다 사방砂防에 관한 이야기

사방댐의 규격 표기	122
효과적인 사방댐	124
깬잡석 사방댐	128
사방댐의 주기능	131
사방댐 본체 측면의 비탈 기울기	134
사방댐의 안정과 위치에 대해	137
투과형 사방댐	141
사방댐의 역할	145
계류보전사업 종단 계획물매에 대한 고민	150
돌바닥막이 대수면의 돌쌓기 적용 여부	154
바닥막이 규격 표기	160
바닥막이 형태에 대한 고찰	162
계간 공사에서 횡공작물의 간격	168
초보 기술자의 위험한 설계	173
수제에 대해	176
선떼붙이기의 올바른 이해 ①	182
선떼붙이기의 올바른 이해 ②	185
돌의 무게	188
견취도	191

떼수로 형상에 대해	194
산마루 측구의 크기	198
비탈사면의 안정각 확보를 위한 보강방법	204
소단 小段	206

제3부 숲속에서의 단상 斷想 그 밖의 이야기들

산림재해의 역설	212
산림공학 기술자의 가치	216
초임 기술자의 자산	220
산지복구 설계와 감리	224
감리용역 수행에 따른 설계검토보고서	227
아무도 돌 위로 걷지 않는다	229
산지에 설치하는 태양광 발전시설의 문제점	231
설계변경 교육	236
낙찰율의 정의	241
측량은 자부심과 사명감으로	243
고뇌	247
고뇌에 대한 답을 찾다	250
경고	253
시험에 합격한 기술사와 진짜 실력을 가진 기술사	256
꿀맛 나는 붉은빛 사과처럼	260

마치는 글 나를 돌아보고 멀리 날자   266

들어가는 글

남의 허물을 보기는 쉽다

남의 허물을 보기는 쉽다

2007년 어느 여름날 저녁, W에게 전화가 걸려왔다. 서럽게 울면서 하소연한다. 설계도면을 작성하고 설계 심사를 받으러 갔는데 심사위원은 무엇이 잘못되었는지 상세히 설명해 주지도 않고 고함을 지르며 엉터리 설계라고 구박했다는 것이다.

심사위원은 산림분야의 선배이면서 많은 경험을 가진 A 기술사였다. A는 산림기술사지만 현장에서 시공 위주로 경험을 쌓아왔고 설계용역 수행 경력은 일천한 분이다. A는 W에게 감정을 가지고 있었던 것이 아니라 W소속 회사에 불만을 품고 있었던 탓에 W에게 거칠게 행동했다. W는 필자의 10년 사회 후배다. 심성이 착하고 노력하는 성실한 인물이다. 함께 근무한 시절이 있었기에 W에 대해서는 어느 정도 알고 있다. 그날 W가 받은 상처를 치유하는 데는 오랜 시간이 필요했다.

A기술사는 시공 경험은 많지만, 설계도면 작성 및 공사금액 산출, 예산서 산출 등은 직접 해보지 않았기에 설계용역에서는 전문가 다운 모습을 보여 주지 못했다. 당시 A가 수행한 설계도면을 보면 초보 수준의 엉터리인 도면이라는 것을 금방 알 수 있다.

이 책을 출간하려니 필자 자신이 A처럼 보일 수도 있다는 염려가 생긴다. A처럼 비난을 받더라도 보다 큰 생각으로 산림공학 발전을 위해 이 책을 내놓기로 결심한다.

산림청에서 임도 표준품셈에 관해 발표할 때, 임도 담당자가 했던 말이 기억난다.

"남의 허물은 보기가 쉬우나 자신의 허물은 보기 어렵다."

그런 의미를 담은 목불견첩目不見睫 사자성어를 되새기면서 조심스러운 마음으로 이 책을 독자들께 내놓는다. 눈으로 많은 것을 볼 수 있지만 정작 본인 눈썹은 볼 수 없듯, 지혜가 아무리 많다고 해도 자기를 볼 수 없는 한계를 극복하고 싶은 마음이다.

이 책은 1995년부터 산림공학 분야에서 필자가 직접 경험하고 의문을 가진 내용들을 정리한 글이다. 논문이나 교재처럼 어떤 이론을 가지고 쓴 글이 아니다. 논리적으로 어떤 증거를 내세우지 않고 오직 25년간 눈으로 보고 느낀 것에 대한 글이다. 앞서 말한 A기술사의 입장처럼 무조건 잘못을 지적하고 야단치는 것이 아니다. 본문에 나오는 이야기의 대상자들 그 누구에게도 면박을 주고자 하는 의도가 조금도 없음을 밝혀 둔다. 대한민국이 산림 강국으로 발전하고 산림공학이 한걸음 더 전진했으면 하는 순수한 소망을 담은 것이다. 어설픈 내용이지만 잘못된 것은 함께 토론하며 더 나은 방향으로 함께 나가고자 하는 목적 하나뿐이다.

필자의 소견을 꺼내 놓고 공유함으로써 활발한 의견 교환의 물꼬를 트고 이를 통해 산림공학을 함께 발전시켜갔으면 하는 마음으로 조심스럽게 용기를 내본다. 특히 임도 표준품셈에 대한 글은 연구 개발자들에 대한 비판이나 잘못된 점을 드러내고자 함이 아님을 거듭 말씀드린다. 필자의 주관적 소견이며 여기 내용이 옳다고 주장하는 것도 아니다. 다만 산림공학의 발전을 위해 내 작은 의견을 제안하는 것이다.

지난 25년간 저지른 실수와 과오를 다시 반복하지 않고 잘못된 점들을 솔직하게 공유함으로써 대한민국이 산림 공학 분야에서 도약할 수 있도록 독자 여러분들과 함께 기술 발전을 이루고 싶은 소망을 품어본다.

제1부
숲에서 길을 만들다

임도 林道 에 관한 이야기

임도 개설의 99%는 노선 선정이다 ①

1995년부터 지금까지 임도 측량을 하고 있다. 필자는 대한민국에서 둘째가라면 섭섭할 정도로 임도 설계에 관한 최고의 전문가임을 자부한다. 물론 나보다 더 유능한 전문가도 있을 것이다. 임도 설계만큼은 자부심을 갖고 해왔다는 의미이다.

임도 노선 선정은 임도 설계용역의 99% 비중을 차지할 만큼 중요하다. 사람은 누구나 실수할 수 있다. 관 매설할 곳을 누락하거나, 어떤 구조물을 반영하지 않았더라도 공

사진 01

사진 02

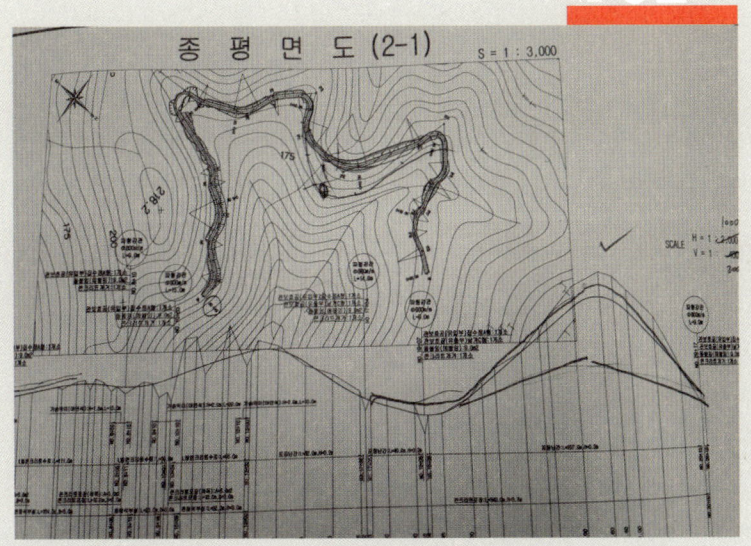

사 중 혹은 시공을 완료한 후에도 얼마든지 보완할 수 있지만, 산지에 임도 노체 개설을 완료한 후에는 변경이 거의 불가능할 정도로 영구적이다. 따라서 임도 노선 선정만큼은 신중에 신중을 기해야 한다.

사진 1은 경북 청도군 각남면 사리에 위치한 임도로 필자가 1995년 3월 처음 측량한 임도의 위성 사진이다. 당시 폭 2.5m 내외의 운재로가 있어 오로지 운재로 노선에 집중하다 보니 다른 노선을 생각지 못한 우愚를 범했다.

사진에서 보듯 임도 노선은 S자형을 반복하며 이어진다. S자 노선은 차량 운행도 불편하지만 강우 시 흘러내리는 빗물이 반복적으로 영향을 끼쳐 임도에 연속적인 피해를 끼칠 수 있다는 점이 더 심각하다. 위 임도는 2002년 태풍 루사, 2003년 태풍 매미 때 큰 피해를 입어 복구공사를 했다. 부끄럽게도 내 첫 임도 작품은 졸작이었다. 졸작 임도가 몇 개 더 있지만 이후로 필자는 임도 선형을 구상할 때 반드시 여러 노선 안을 계획하고 예정 노선을 도면에 그려 본 후 고민에 고민을 거듭하는 습관을 갖게 되었다.

사진 2 도면을 보면 임도 종단물매의 오르막과 내리막이 극심하다. 평면도에서 장애물이 없음에도 유지 관리 비용이 많이 드는 종단물매를 급하게 설계한 것이다. 최

근 몇 년 사이 많은 신생 설계업체들이 난립하다 보니 임도 기본 개념조차 모른 채 설계를 하는 실정이다. 필자 역시 초장기에는 노선 선정을 잘못한 경우가 없지 않았다. 20여년 전 필자가 범한 실수를 많은 임도 설계자들이 아직 되풀이하고 있으니 안타까울 따름이다.

임도 개설의 99%는 노선 선정이다 ②

 국유림 임도는 관할 국유림관리소에서 사유림 임도는 해당 시·군에서 시행하고 있다. 경상북도 사유림 임도 개설은 산림환경연구원에서 시행한다. 임도를 개설하려면 먼저 타당성 평가를 받은 후 시행한다. 대개 임도 노선 길이는 3km 이상이므로 한 계획노선이 짧게는 2년, 길게는 5년 이상을 소요하는 경우도 있다.
 사진 3의 도면에서 ○○임도 노선은 1, 2구간을 준공했고 현재 3구간 공사 중이다.

1구간 : 필자가 설계

2구간 : A 업체 설계

3구간 : 필자가 설계

4구간 : B 업체 설계 중

5구간 : 다시 필자가 설계 진행 중

나머지 : 미 시행

이처럼 한 노선이 구간별로 설계자가 다를 경우 1구간을 측량한 업체는 다음 2구간 임도 예정 노선에 대해 임도 개설 가능한지를 판단한 후 1구간 임도 노선을 결정해야 한다. 간혹 다음 구간 노선이 절벽 구간이나 묘지 통과 등으로 인해 임도 개설이 불가능할 경우가 발생하는데 이 경우에는 죽은 길, 즉 사도死道가 된다.

사진 4 임도 노선을 보면 크게 잘못된 곳이 하나 있다. 사진을 확대해 보자. 적색 구간은 헤어핀 곡선 구간으로 차량 통행에 큰 어려움을 준다. 계곡 횡단 후 등고선을 따라 초록색 노선으로 개설했으면 하는 아쉬움이 있다. 어떤 이유로 적색 노선으로 임도를 측량했는지 알 수 없다. 산주가 동의하지 않았을 가능성도 완전히 배제할 수는 없다. 한 번 개설한 임도는 영구적이므로 이용하는 후손들은 오

랜 기간 동안 큰 불편을 겪는다. 임도 노선 선정만큼은 신중하게 결정해야 한다.

부끄러운 임도 설계가 하나 더 있다

　산림 신문에 종종 실리는 임도 사진 6이 있다. 이 사진을 볼 때마다 부족한 내 과거가 떠올라 얼굴을 화끈거리게 한다. 1995년 임도 설계를 처음 시작할 때 S자형 노선을 연속 반복해 측량한 영덕의 한 임도 노선이다. 청도 각남사리 임도와 더불어 필자의 두 번째 졸작 임도 설계다.

　사진 7은 1995년도에 설계를 한 영덕 창수 갈천 임도 노선이다. 청도 각남 사리 임도처럼 당시에는 임도 단비표가 있어 ±10% 이내로 노선 거리와 사업비를 맞추어 설

사진 06

□□□□림관리소, 개인 소유 임야 사들인다

산림분야 학점인정제도 및 독학사 자격 인정

사진 07

사진 08

계해야 했다. 이 노선 예정 거리는 3.0km였기 때문에 억지로 거리를 늘린 흔적이 보인다.

도로나 임도는 계곡을 향할 때는 내리막으로, 능선을 향할 때는 오르막으로 설계하는 것이 좋다. 그래야 노면 유하수 및 배수처리가 유리하고 노선 거리가 짧아지는 경제성이 있다.

산림 신문에 실린 사진 6을 자세히 보면 임도가 능선을 향할 때 내리막이고 계곡을 향할 때는 오르막임을 알 수 있다. 잘못 설계한 종단물매 계획이다. 영덕 창수 갈천 임도는 예정 거리 3.0km를 맞추기 위해 종단물매 계획을 반대로 한 것이다. 사진 8에서 빨간색과 파란색 부분이 역으로 종단물매를 설계한 곳이다.

이 임도는 마을과 마을을 연결하는 중요한 역할을 하고 있는데 쓸데없이 노선이 길어져 비경제적인 임도를 만든 셈이다. 임도 설계 초창기 때 부끄러운 필자 모습을 돌아보며 산림기술자 여러분들은 같은 실수를 반복하지 않기를 바라는 마음이다.

임도 내각 155° 이상일 때 평면곡선 설치

 산림관리 기반시설 설계 및 시설 기준을 보면 임도 평면곡선을 내각 155° 이상 되는 장소에 대해서는 설치하지 아니할 수 있다고 명시한다.

 내각이란 무엇일까? 폭이 좁고 길이가 긴 도로, 철도, 하천, 수로 등을 측량하는 것을 노선측량이라고 하는데, 도로는 시작점(BP)에서 종점(EP)까지 일직선이 되는 경우는 거의 없다. 산악지에 개설하는 임도는 더욱 그렇다. 산악지형은 계곡과 능선이 연속적으로 이어지기 때문에 고속도로나

국도보다 곡선이 훨씬 많다.

도로는 시점에서 출발해 직선으로 가다가 지형 장애물을 만나면 방향을 변경해 또 다른 직선으로 나간다. 지형 여건에 맞춰가며 계속 방향을 돌려가며 도로는 종점에 이른다. 도로(직선) 방향이 바뀌는 점을 교점(IP)이라 부른다.

교각(IA)은 앞 직선 연장선과 다음 직선 사잇각을 말하며, 내각(θ)은 앞 직선과 다음 직선 사잇각을 말하므로 교각(IA)+내각(θ) = 180도가 된다. 사진 9처럼 내각이 클수록 차량이 방향 전환을 쉽게 할 수 있다.

내각 155° 이상일 때 평면곡선을 설치하지 않고 곡선을 설치해도 되는 이유는 임도의 설계속도, 즉 차량 운행속도가 낮기 때문이다. 주행 속도가 높은 고속도로에서는 불가능한 일이다. 이 중요한 사실을 기억하자.

어떤 이에게 질문한 적이 있다.

"측선 각도가 생기는데 왜 교점(IP)을 부여하지 않았습니까?"

그가 대답했다.

"곡선을 설치하지 않아도 되는데 왜 교점(IP)을 정해야 하지요?"

왜 그런 답을 했을까? 고민해보니 임도 도면 작성 프로그램인 <오솔길>이 교점(IP)을 정하지 않고도 곡선 설치가

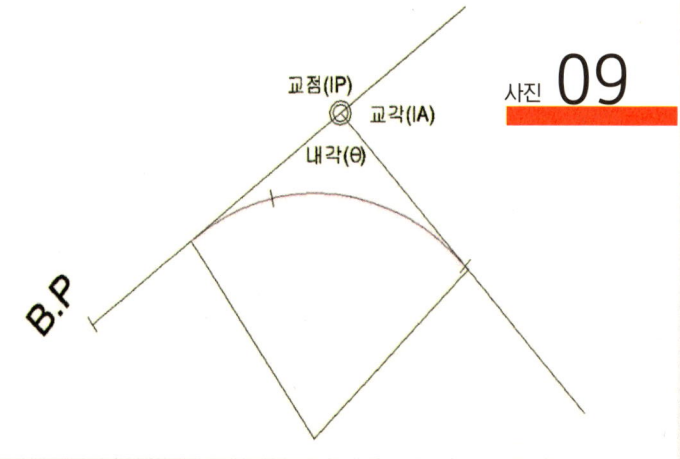

사진 09

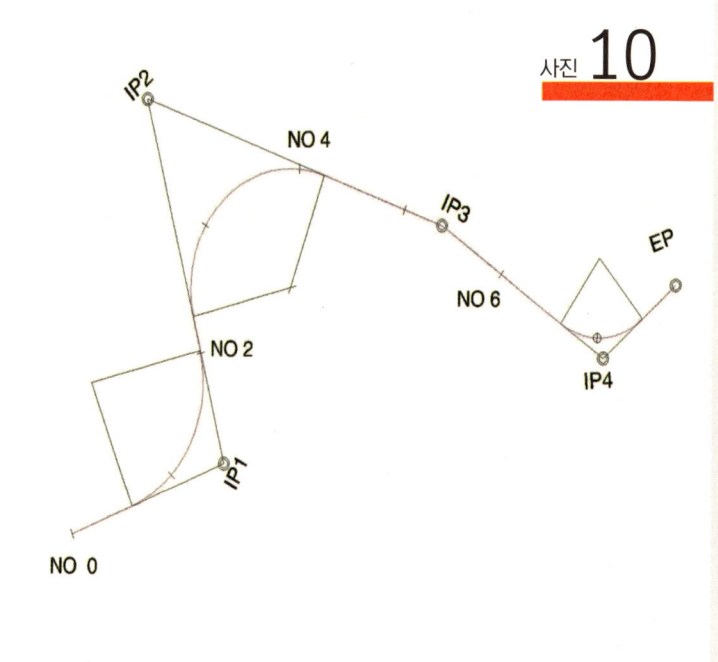

사진 10

가능하도록 만들어져 있기 때문이다. 기초 지식을 모른 채 프로그램에만 의존하는 것이다.

　최근 몇 년 사이 산림분야 설계업체가 우후죽순처럼 생겨 이 정도 기본 원리조차 모르고 임도 설계도면을 엉망으로 작성하는 경우가 비일비재하다. 안타까운 현실이다. 이에 대한 일말의 책임이 필자에게도 있음을 깨닫는다.

일반지형과 특수지형 구분

 산림관리 기반시설 설계 및 시설 기준에서는 평면 선형의 최소 곡선 반지름과 최대 종단물매를 일반지형과 특수지형을 구분해 각각 그 값을 달리하고 있다. 임도 평면곡선에서 최소 반지름은 일반지형에서 15m, 특수지형에서는 12m로 규정하고 있으며 최대 종단물매는 일반 지형에서 9%, 특수지형에서 14%로 제한하고 있다. 예외규정이 있다. 배향곡선일 때는 최소 반지름을 10m까지, 노면을 콘크리트로 포장할 경우 종단물매는 18%까지 허용한다.

일반지형과 특수지형의 구분은 어떻게 할까? 여기에 대한 답은 없다. 일반지형과 특수지형에 대한 정의를 내리지 않고 있는데 산림관리 기반시설 기준에 이 둘을 나누어 놓은 것은 아무런 의미가 없다. 1995년부터 임도 설계를 해온 필자 경험으로는 일반·특수지형 구분을 없애고 최소 곡선 반지름을 10~12m로, 최대 종단물매를 콘크리트 포장의 경우 18%까지 허용하되 물매 곡률비(R/i) 규정을 두는 게 효과적일 것이다.

물매 곡률비에 대해 알아보자. 물매는 종단물매(i)%를 말하고 곡률은 평면곡선 반지름(R)을 말한다. 어떤 지점에서 종단물매가 10%이고 곡선 반지름이 20m일 때 물매 곡률비(R/i)는 20/10 = 2임을 알 수 있다. 물매 곡률비가 높을수록, 즉 곡선 반지름이 크고 물매가 작을수록 운행 차량이 곡선부에서 쉽게 회전할 수 있다.

물매 곡률비 제한 값을 얼마로 할 것인가? 우리나라 산악지형은 대체로 험준한 편이다. 물매 곡률비가 높으면 임도 개설 시 애로사항이 많고 물매 곡률비가 낮으면 차량 운행이 위험할 수 있다. 이 부분은 실연을 통해 그 값을 정해야 할 것이다.

필자는 물매 곡률비 최소값을 1~1.2 이상으로 규정하는 것이 현실적이라고 생각한다. 물매 곡률비가 3이하일 때는 반드시 노면에 콘크리트 포장을 해야 할 것이다.

비탈사면 녹화 전제조건

 2000년 이전 개설한 임도는 대부분 기준 단비에 맞춰 시공하다 보니 절취한 흙을 성토 사면에 적재하는 경우가 많았다. 이로 인해 집중호우 때 산사태가 발생하는 주원인이 되었고 임도가 산사태 주범이라며 비난을 받은 적이 있었다.

 2000년 이후 산림청은 임도 단비를 현실화해 단비에 상관없이 현지 여건에 맞춰 시공할 수 있었다. 비탈사면의 안정각이 확보되지 않은 곳, 즉 산지 횡단 경사각이 급한 곳

사진 11

은 오랜 세월이 지나도 토사가 흘러내려 식생도입이 불가능하다. 종자가 발아해도 비탈사면 각이 불안해 흘러내리기 때문에 식생이 정착되지 않는다.

사진 11은 임도 절개면 암반이다. 지반이 고정되어 안정각을 확보할 수 있으니 비록 토질이 척박한 곳이라 해도 생명력 강한 소나무가 끈질기게 자라고 있다. 임도 절개면 안정각 확보가 녹화 성공을 위한 전제가 되는 것이다. 따라서 임도공사 시 비탈사면을 녹화 시키려면 토질에 따른 비탈사면 안정각 확보가 필수다.

임도 노면 침하 대책

 기존 임도에 구조물이 필요한 경우 공종을 추가하거나 녹화되지 않은 비탈사면에 식생도입을 하기 위한 공사를 임도 구조개량사업이라고 한다. 임도 구조개량사업 설계용역 중, 사진 12처럼 노면 침하가 일어난 곳을 지나다가 노면 침하 대책을 생각한다.

 사진 12 임도는 콘크리트 포장 시기를 알 수 없으나 임도 노체 개설 후 바로 콘크리트 포장을 했다면 사진처럼 노면 침하가 일어날 가능성이 높다. 임도 개설을 위해 흙 쌓

사진 12

기 양이 많을 경우 다짐을 제대로 하기 어렵다. 설령 진동 롤러 등 대형 장비를 투입해 다짐 작업을 한들 우리나라 산악지형의 특수성, 즉 횡단 사면이 급한 이유로 다짐 작업을 제대로 작업할 수 없다. 그러면 어떻게 해야 할까?
"세월이 해결해 줄 것이다!"

시간이 흐르면 성토한 흙도 자연스럽게 침하한다. 비가 내리면 중력에 의해 토사 입자 사이의 공극으로 물이 흐르면서 다짐 작용을 촉진하는 것이다.

필자 생각은 이렇다. 임도 개설 첫해는 토공 작업과 배수관 위주 공종만 시공한 다음, 이듬해 일 년의 시간을 거치며 임도 노체가 비를 맞으며 자연 다짐을 거친 후에 콘크리트 포장을 하는 것이다. 물론 노면이 비포장일 경우, 폭우에 노면 침식 등의 피해가 있을 가능성 또한 고려해야 할 것이다.

중앙 기술 자문단 임도 설계 자문

얼마 전 경북 도청에서 열린 경상권역 임도 설계 자문 행사사진13에 참여한 적이 있다. 자문단은 충남대 이준우 교수, 산림과학원 지병윤 박사 및 오점곤, 정규원 산림기술사 등이다. 기술사들은 현장경험이 있지만 그 외분들은 연구 위주의 실험 경험 외에는 실무 경험이 없을 것이다.

필자는 1995년부터 지금까지 임도를 직접 측량하고 설계해 오고 있는바, 자문단들보다 실무 경험에서 앞설 것이다. 경상북도의 임도 설계 품질이 전국 평균보다 떨어진다

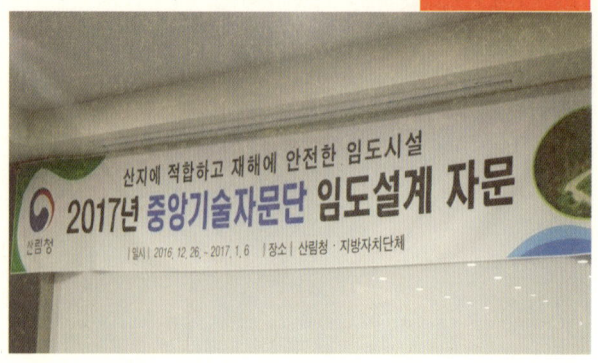

사진 13

고 주장한다. 필자 또한 그 지적을 인정할 수 밖에 없다. 우후죽순처럼 생겨난 설계업체들이 임도에 대한 기본 개념조차 인지 못 하는 경우를 많이 보았기 때문이다.

경상북도 임도가 다른 지역보다 단비가 높다는 이야기를 종종 듣는다. 이 지적 또한 일부 수긍한다. 초보 기술자들의 설계 도면을 볼 때 계획고를 지나치게 높게 하는 경우가 있다. 자연히 횡단 사면 기울기가 급한 구간에는 옹벽이나 석축 등 구조물을 반영한 도면이 나올 수밖에 없다. 이럴 경우 임도 단비가 높아진다. 현장의 요구로 성토부에 옹벽 등을 미리 계획했다면 괜찮지만 잘못된 계획의 해결책으로 옹벽을 설치하는 것은 설계자의 자질 부족이다.

산림청 훈령 제1295호「임도 설치 및 관리 규정」을 보면 얼마 전까지만 해도 '토공사 비용은 전체 공사비의 25%

를 넘어서면 아니 된다.'라는 조항이 있었다. 그 규정 때문에 일부러 지나치게 구조물을 많이 반영하는 경우가 있었다. 지금 그 조항은 삭제된 상태다. 반면 '임도 구조 개량 사업비의 30% 이상을 성토면 안정과 피해 방지에 투입해야 한다.'라는 조항은 아직도 남아있다. 이 역시 불필요한 조항이다.

구조 개량 사업은 임도 개설 후 부분적으로 보완하는 사업일 뿐인데 전 구간 성토가 안정 단계에 있는 임도에 구조 개량 사업을 시행할 경우 '성토 사면에 구조물을 억지로라도 계획해야 하는가?'라는 혼란이 발생한다. 비현실적인 규정은 버리고 적합한 기준을 확립해 임도를 합리적으로 설계할 수 있도록 관련 기준 및 규정 개정이 이루어져야 할 것이다.

사도 死道

2015년 일이다. 임도를 200m 개설하고 연장하려는 데 지형적 악조건 사진14 이 기다리고 있었다.

더 임도를 개설하는 것이 불가능해 보였다. 산지 횡단 경사각이 급한 데다 사진15 암반 노출이 심각하다. 안타까운 마음이 앞선다. 개설 첫 해의 200m만 보고 차후 연장해야 할 노선에 대해 조금도 고려하지 않은 것이다. 결국 200m는 죽은 도로死道가 된 꼴이다.

임도는 한 해 동안 전 노선의 종점까지 개설하지 않는다

사진 14

사진 15

면 전체 노선에 대해 개설이 가능한지를 고려해 잔여 구간의 임도 개설 가능 여부를 확인한 후 당해 연도 구간을 측량하고 설계해야 한다.

걸을 때 우리는
자연히 들판과
숲으로 간다.
정원이나
산책길에서만
걷는다면
어떻게 될까?

헨리 데이비드 소로
Henry David Thoreau

뒤틀리고 구불구불하고 쓸쓸하고 험난한 그 길 끝에
가장 경이로운 풍경이 펼쳐지기를.

에드워드 애비 Edward Abbey

임도 표준품셈에 대해 ①

 이 글은 임도 표준품셈 연구 개발팀에 대한 비판이나 잘못을 지적하려는 것이 아니다. 필자의 주관적 생각이며 내 생각이 옳다고 주장하는 것이 아니라 산림공학 발전을 위해 의견을 제안하는 것이다.

 대구 수목원에서 경상권 지역 산림공학 종사자들에게 임도 시설사업에 적용할 품셈 설명회가 있었다. 마지막 시간에 목재 산업과 담당 주무관이 이렇게 말했다.

 "남의 허물은 찾기 쉬우나 내 허물은 보기 힘든 겁니다."

사진 **16**

　사방 표준품셈이나 건설 표준품셈에서 벗어나 독자적인 산림토목에 적용할 품셈을 제정한 것에 큰 의의를 두어야 할 것이다. 건설 표준품셈에서 언급하지 않은 준비공사의 가지 정리 등 공종을 산지 특성을 고려해 언급한 점은 잘한 일이다.

　몇 가지 아쉬운 점도 있다. 그 하나가 용어 선택이다. 13쪽에 보면 '물매'라는 순우리말이 있는데 '구배'라는 일본어를 사용한 점, 63쪽에 임도 품셈의 '옆도랑'이라는 용어 대신에 '측구'라는 한자를 사용한 점 등이다. 참고로 산림관리 기반시설 설계 및 시설 기준에도 '옆도랑'이나 '물매'라는 순우리말을 사용하고 있다.

임도 표준품셈에 대해 ②

적용 장비 종류에 대해 생각해 보자.

임도 표준품셈 34쪽에는 유용토 운반 작업은 도쟈 19t을 적용한다고 되어 있다. 국도 등 일반 도로 공사는 토량 운반 거리가 20~60m일 경우 도쟈, 즉 불도저 운반으로 설계하고 있다. 임도는 산지에 개설하는 도로이기에 곡선 구간이 많다. 곡선 구간에서 유용토 운반에 도쟈를 사용하기 어렵다. 제한적으로 도쟈를 사용하는 경우를 빼고는 실제 현장에서는 거의 사용하지 않는 실정이다. 산악 지역이고

사진 17

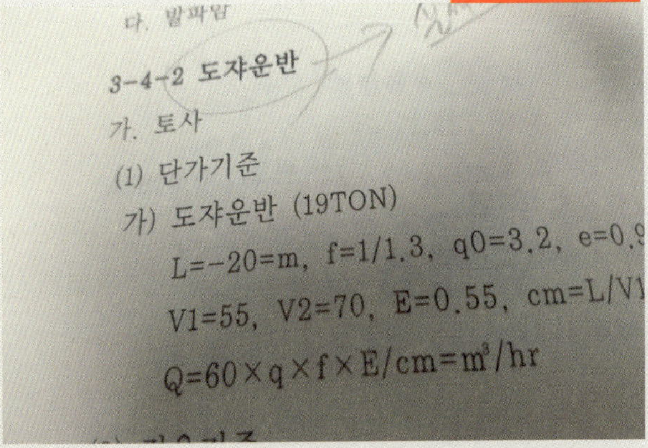

다. 발파암

3-4-2 도쟈운반

가. 토사

(1) 단가기준

가) 도쟈운반 (19TON)

$L=-20=m$, $f=1/1.3$, $q_0=3.2$, $e=0.9$

$V_1=55$, $V_2=70$, $E=0.55$, $cm=L/V_1$

$Q=60 \times q \times f \times E/cm = m^3/hr$

사진 18

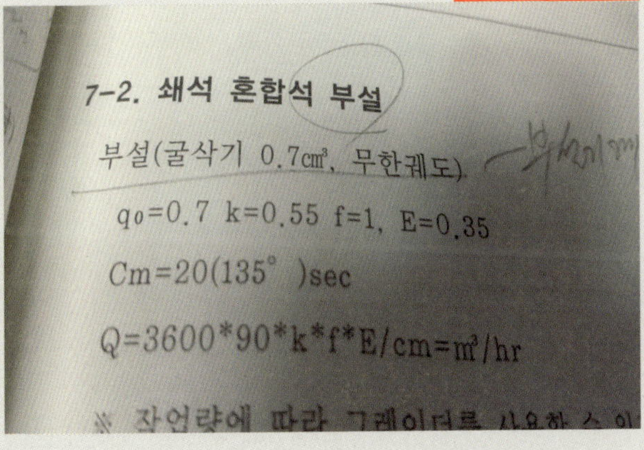

7-2. 쇄석 혼합석 부설

부설(굴삭기 0.7㎥, 무한궤도)

$q_0=0.7$ $k=0.55$ $f=1$, $E=0.35$

$Cm=20(135°)sec$

$Q=3600*90*k*f*E/cm=m^3/hr$

1차로인 임도에서 유용토 운반을 도자로 사용하기 어렵기 때문에 운반 거리가 20m 이상일 때는 덤프트럭으로 반영하는 것이 현실적으로 맞을 것이다. 품셈 설명에 따르면 설계 단가를 낮추기 위한 목적이 있었다고 한다.

임도 표준품셈 91쪽에 언급한 '혼합석 부설 작업에 굴삭기의 적용'은 유용토 운반에서 도쟈 적용처럼 모순된 내용이 아닌가 한다. 부설 장비는 '그레이더' 또는 '도쟈'이다. 실제 임도 현장에서는 부설 작업 대부분을 굴삭기로 진행한다. 유용토 운반에는 현장에서 거의 사용하지 않는 도쟈로, 혼합석 부설 작업에는 현장에서 사용하고 있는 굴삭기를 적용한 것은 일관성이 없어 보인다.

80년대에는 '포크레인'이라 부르는 굴삭기 중 $0.7m^3$ 기종을 본 적이 있다. 그러나 요즘 $0.7m^3$ 기종은 볼 수 없다. 건설 현장에서 볼 수 있는 기종은 $0.2m^3$, $0.6m^3$, $0.8m^3$, $1.0m^3$ 등이다. m^3 단위는 굴삭기 버킷의 용량을 의미한다.

임도 표준품셈 32쪽에 흙깎기 단가 산출을 굴삭기 $0.7m^3$ 기종으로 적용했으나 현장에서 사용하는 굴삭기 $0.6m^3$ 또는 $0.8m^3$ 기종으로 적용하는 것이 현실이다.

임도 표준품셈을 새로 만들면서 건설 표준품셈을 참고는 하되 현장에서 사용하지 않는 장비보다 현장에 부합하는 장비를 적용했으면 하는 아쉬움이 남는다.

임도 표준품셈에 대해 ③

 건설 표준품셈은 한국건설기술연구원 KICT에서 제정한다. 대학 동기가 근무하고 있어 SNS로 물었다.

 근무 인원은 대략 800명 정도며 대부분 박사학위 소지자라고 한다. 한국건설기술연구원에서 건설 품셈만 연구하는 것은 아니지만 건설 분야의 모든 공종 품셈을 이곳에서 연구 개발하고 있는 것과 비교하면 산림분야 품셈 연구 개발 여건은 너무 초라하다. 비록 좋지 않은 여건임에도 불구하고 산림청에서 사방 표준품셈에 이어 임도 표준품

사진 19

고경택
영채 안녕!
800 명 정도

건설연구원에 근무하는 사람이 몇명되나요?
거기서 하는일 뭐고?
품셈 개발 연구?

고경택
건설 관련 연구개발, 정책수립 및 기술지원, 품질인증 및 시험업무
품셈 관련 업무도 하고 있음

고경택
나는 건설재료 기술 개발

사진 20

3. 포장절단 및 줄눈설치
(1) 포장절단

2016년

배치인원(인)		사용기계 (1대)		시공량(m) (일당)	
		명 칭	규 격	형 식	시공량
특별인부	1	커 터	320~400mm	1차로	350
보통인부	2			2차로	600

(주) ① 본 품은 콘크리트 표층 포장의 포장절단에 대한 품이다.
② 품의 절단 깊이는 1차 절단(50~75mm)을 기준한다.

사진 21

3. 포장절단 및 줄눈설치
(1) 포장절단 (2017년 보완)

구 분	규 격	단위	수량	시공량(m)	
				1차로	2차로
특 별 인 부		인	1	500	700
보 통 인 부		〃	1		
커 터	320~400mm	대	1		
동 력 분 무 기	4.85kW	〃	0.5		

(주) ① 본 품은 콘크리트 표층 포장의 절단을 기준한 것이다.
② 본 품은 포장절단, 절단면 물청소를 포함한다.
③ 절단 깊이는 1차 절단(50~75mm)을 기준으로 한다.

사진 22

7-1-2 포장절단 및 줄눈설치
가. 포장절단

배치인원(인)		사용기계(1대)		시공량(m)	
		명칭	규격	형식	시공량
특별인부	1	커터	320~400mm	임도(간선, 작업)	350
보통인부	2				

(주) ① 본 품은 콘크리트 표층 포장의 포장절단에 대한 품이다.
② 품의 절단 깊이는 1차 절단(50~75mm)을 기준으로 한다.

셈을 제정한 것은 높이 평가받을 만하다.

 임도 표준품셈에 대해 한 가지 의견을 더 제시한다. 사방 표준품셈에서 떼붙이기 공종은 건설 표준품셈을 준용했는데 사방 표준품셈을 발표할 시기에 건설 표준품셈 떼붙이기 공종 품을 변경한 사례가 있었다. 사방 표준품셈의 떼붙이기 품은 이미 바뀌어 버린 과거 건설 표준품셈을 준용하는 꼴이 되었다. 사방이나 임도 품셈에 건설 표준품셈을 인용하는 것은 좋으나 이미 변한 과거 건설 표준품셈을 인용하는 것은 건설 분야 종사자에게 신뢰성을 주기에 부족하다.

 임도 표준품셈 90쪽 포장 절단의 품은 2016년 건설 표준품셈에서 옮겨온 것이다. 건설 표준품셈은 2017년도에 개정되었다. 포장 절단은 건설 표준품셈을 준용한다고 명시했으면 건설 표준품셈이 변경되어도 아무 문제 없이 사용할 수 있을 것이다.

 지자체 설계용역의 경우 설계 심사 과정을 거칠 때 시설직 토목직 담당자가 산림분야 품셈을 인정하지 않는다. 과거 건설 표준품셈을 사용하는 사방이나 임도 품셈에 대해 불신이 있지는 않을까? 임도 표준품셈에 대한 소견을 밝히는 이유는 합리적인 방향의 공감대를 형성해 산림공학 발전에 기여하고자 하는 마음 때문이다.

임도 표준품셈을 적용할 때 주의할 점

 2018년 11월 20일, 남부지방산림청에서 임도 설계심사를 할 때 있었던 일이다. 임도 표준품셈 적용에 있어서 문제점들을 알려 달라는 요청에 대한 답변이다.

임도 표준품셈
2-2 벌목
 임도 표준품셈은 입목 본수 재적을 반영하지 않고 건설표준품셈의 벌목 면적에 의거해 품을 인용하므로 산지의

입목 밀도를 정확히 반영할 수 없기 때문에 부적합하다. 사방 표준품셈의 3-1-2 나무 본수와 재적에 따라 품을 적용하는 것이 합당하다.

2-6-2 수평 규준틀

표지판 8개는 다소 많음. → 표지판 4개만 적용.

국도나 고속도로는 노상, 노반, 기층, 표층을 구분하지만 임도는 노반과 표층으로만 구분해도 된다. 임도 표준품셈 표지판은 4열보다 2열이 적정하다.

3-1-5 포장절단 7-1-2 가

건설 표준품셈에서는 일일 작업량을 500m로 적용(2017 개정), 2016년까지는 350m 적용하던 것을 그대로 임도 표준품셈에 적용함.

→ 개정 건설 표준품셈의 일일 작업량 500m는 건설 분야와 동일한 적용이 필요하다. 기타 품 인부 수는 그대로 건설 표준품셈과 동일하다.

3-4-3 덤프 운반

현장 내에서 토량 운반은 덮개 설치가 불필요하므로 덮개 설치 시간 t5는 반영하지 않는 것이 옳다.

3-7 층 따기

굴삭기 0.7 적용은 횡단 사면 경사가 완만한 곳에는 가능하나 굴삭기 0.7 시공 시 과다한 층 따기 가능성이 높으므로 굴삭기 0.2로 적용하는 게 바람직하다.

5-1 측구 구조물 터파기

현실적으로 인력 10% 적용은 무리가 많다. 특히 암 터파기는 할석공이 깨는 경우가 거의 없다.

5-4-3 파형강관 부설 시 커플링 밴드는 임도 품셈에 언급한 것으로 반영하는 것이 타당하다.

5-5, 5-6, 5-7

관 날개벽, 합판 거푸집은 3회, 면벽은 4회 적용으로 되어 있으나 모두 4회 적용이 타당하다.

8-1-1 시멘트 운반

구역화물 운임 단가는 2003년 금액이다. 이후에는 구역화물 단가가 제공되지 않고 있으며 운송연합회에서도 구역 화물을 사용하지 않는다. 따라서 4.5톤 등 트럭으로 시간당 사용 단가를 산출하고 상·하차비를 적용하는 게 타당하다. 또한 가장 가까운 역 기준은 비현실적이다. 요즘 기차역이 없는 곳에도 시멘트 대리점이 있으므로 가까운 시멘트 대리점에서 운반할 경우를 감안해 거리 산정 기준을 정해야 할 것이다.

8-1-2 철근 운반

구역화물보다 트럭 시간당 단가 산출에 의한 경비를 계상해 반영하는 것이 타당하다.

임도에서 최소관의 크기

2017년 2월 15일, 임도 구조개량사업 설계도서 검토를 위해 현장을 방문했다.

산림관리 기반시설 설계 및 시설기준을 살펴보자.

(가) 배수구 통수단면은 100년 빈도 확률 강우량과 홍수 도달 시간을 이용한 합리식으로 계산한 최대 홍수 유출량의 1.2배 이상으로 설계·설치한다.

(나) 배수구는 수리계산과 현지 여건을 감안하되, 기본적으로 100m 내외의 간격으로 설치하며 그 지름은 1,000mm

이상으로 한다. 다만 현지 여건상 필요한 경우에는 배수구 지름을 800mm 이상으로 설치할 수 있다.

임도 구조개량사업 현장을 방문해 보니 기존 규격 600mm 관이 매설된 곳을 모두 800mm로 교체설계했다. 시공 후 대략 10~15년 정도 경과한 현장으로 그동안 별 탈 없이 배수관 역할을 충실히 하고 있었으며 집수 유역면적이 그리 넓지 않아 호우 시에 큰 유량이 없으며 사진26 문제가 없는 곳이다. 그런데도 설계자는 시설 기준에서 언급한 최소관 크기 800mm로 전량 교체를 계획한 것이다. 아무리 시설 기준에서 최소관 크기를 800mm라고 했으나 멀쩡한 관을 파헤치고 새로 매설하는 것은 예산 낭비다. 파형 강관 800mm 한 개소를 매설할 경우 관 자재대와 관 날개벽 포함 시공비를 합하면 대략 250만 원이고 폐기물 처리 비용까지 합하면 300만 원 정도가 설계에 반영된다.

서민들 한 달 월급에 해당하는 금액이다. 내 호주머니에서 나가는 돈이 아니지만 국민의 세금으로 지출하는 돈을 낭비해서 되겠는가? 합리적인 사고로 설계할 필요가 있다.

임도는 고속도로가 아니다

　임도는 산지에 개설하는 도로로 산림을 경영 관리하기 위한 도로이므로 산 지형에 순응하도록 노선을 선정해야 한다. 고속도로는 차량의 속도를 높이기 위한 목적을 위해 도로 선형을 직선화 하거나 평면곡선 설치 시 곡선 반지름을 크게 해 차량 주행성을 높게 한다. 곡선부에서도 차량이 서서히 회전하도록 시설한다. 우리나라 지형은 산이 많고 험준해 고속도로 구간 중 터널도 많고 교량도 많이 설치할 수 밖에 없다.

사진 27

사진 28

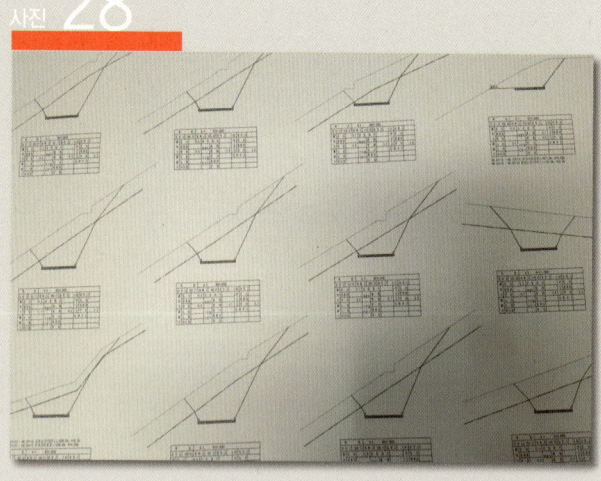

반면, 임도는 주행속도가 중요하지 않다. 산지 훼손을 최소화하고 지형여건에 순응하도록 곡선 반지름이 작은 구간을 많이 사용한다. 저속도로인 임도지만 설치에 관한 규정이 있다. 최소한 도로 종단물매와 최소 반지름에 대한 기준 등이다.

 종단물매를 14% 이하로 명시하고 있으며 특수한 경우 일부 구간을 콘크리트 포장해 18% 이내로 할 수 있다고 정의한다.

 초보 기술자가 설계한 임도 설계도서를 검토하며 깜짝 놀란 적이 있다. 사진 27, 28 일부 구간 대부분을 종단물매를 18%로 계획했고 순절취 단면을 200m가 넘게 설계했다. 필자 경험으로 볼 때 그렇게 임도를 개설할 경우 산지 훼손이 심하고 애물단지 임도가 될 것이 뻔하다. 임도는 고속도로처럼 차량 주행 속도를 높게 할 필요가 없으므로 계곡 및 능선 지형에 맞도록 훼손을 최소화 해야 하며 규정을 지키는 방식으로 설계해야 한다.

옹벽의 견고성은 뒤채움이 결정한다

 옹벽은 경사면에 안정각을 확보해 토압을 견뎌 무너지지 않도록 세우는 구조물 벽체를 말한다. 옹벽이라고 하면 대부분 콘크리트와 철근을 사용한 벽체라고 생각하지만, 사용하는 재료에 따라 콘크리트 옹벽, 석축 옹벽, 블록 옹벽, 보강토 옹벽 등으로 나눈다.

 사진 29는 임도 성토 사면의 붕괴에 대비하여 돌쌓기, 즉 석축으로 만든 옹벽이다. 사진 30은 임도 절토 사면의 안정각 확보를 위해 설치한 석축 옹벽이다. 사진 29와 같이

사진 **29**

사진 **30**

사진 **31**

성토 사면에 설치하는 옹벽이 사진 30의 절토 사면에 설치하는 옹벽보다 더 건실하게 시공해야 한다. 절토 사면에 설치하는 옹벽은 절취면의 토압만 견디면 된다. 성토 사면에 설치하는 옹벽은 토압에도 견뎌야 하고 임도에 통행하는 차량의 무게에도 저항해야 할 것이다. 석축 옹벽 시공 시 건실하게 시공하려면 돌을 쌓을 때 밑돌과 옆 돌이 서로 맞물리게 시공해야 한다. 무엇보다 중요한 것은 돌쌓기 뒷면에 채우는 뒤채움돌이다. 뒤채움돌 시공 여부가 석축 옹벽의 견고성에 가장 큰 영향을 준다. 보이는 앞면 돌을 잘 쌓는다고 해도 뒤채움 막자갈을 제대로 시공하지 않을 경우 석축 옹벽은 무너질 위험이 커진다.

사진 31은 임도 성토 사면에 콘크리트 옹벽을 시공해 성토지 붕괴를 대비했다. 이곳은 작년도에 내가 설계한 임도 개설구간이다. 당초에 돌쌓기 석축 옹벽으로 설계했다. 시공과정에서 콘크리트 옹벽으로 변경한 것이다.

변경 시공했다는 이야기를 들으니 기분이 별로 좋지 않았다. 설계기술자의 자존심에 약간의 상처를 받았기 때문이다. 석축 옹벽을 콘크리트 옹벽으로 변경해서가 아니라 콘크리트 옹벽이 석축 옹벽보다 튼튼하다는 이유로 변경했다는 것이 실망스러웠던 것이다.

콘크리트 옹벽은 뒤채움을 함수율 높은 토사로 시공할

경우 쉽게 무너질 수 있다. 석축 옹벽과 콘크리트 옹벽에서 눈으로 보이는 것만 판단해서는 당연히 콘크리트 옹벽이 튼튼하다. 석축 옹벽은 여러 개의 돌을 쌓은 것이며 콘크리트 옹벽은 하나의 연결된 구조체이기 때문이다.

옹벽의 견실 여부는 눈에 보이는 재료가 결정하는 것이 아니다. 옹벽의 뒤채움을 얼만큼 잘하느냐에 따라 정해지는 것이다. 뒤채움 재료는 보통 막자갈을 사용한다. 직경 40~100mm정도의 잡석으로 시공하면 무난하다. 직경 75mm 막자갈로 뒤채움을 하였다면 옹벽 배면에 수압을 낮추어 주는 역할을 한다.

뒤채움을 막자갈로 했더라도 옹벽 벽체에 물구멍을 적당한 간격으로 설치하지 않으면 옹벽이 쉽게 무너질 수 있다. 비가 내리면 토사 입자 사이의 공극(작은공간)에 물이 쌓여 토압이 높아진다. 토압을 낮추기 위해서는 토사 공극에 쌓이는 물을 신속히 배수 처리해주어야 한다. 토사 공극에 채워지는 물을 신속히 처리하기 위해서 뒤채움을 막자갈로 채워야 하고 옹벽 벽체에 2~3㎡마다 물구멍을 1공씩 설치해주어야 한다. 콘크리트 옹벽도 뒤채움 막자갈로 되메우기를 해야 석축 옹벽보다 튼튼하다고 말할 수 있다.

콘크리트 구조체를 연결하는 철근

 사진 32에서 하단부 콘크리트 구조체 포장 와 연결한 난간벽 다이크은 일체가 되도록 시공해야 한다. 콘크리트 포장구조체는 선타설해 양생을 진행한 고체 구조물이고 난간벽은 포장면 위에 후타설하는 콘크리트 구조체다. 하부 포장구조체와 상부 난간벽을 동시에 콘크리트 타설 불가능하기 때문에 하부 포장구조체를 먼저 타설한 후 어느 정도 양생한 다음 상부 난간벽 거푸집을 조립하고 콘크리트를 타설해야 한다. 콘크리트는 거의 액체상태에 가까우며 고체와 액체의 중간 형태

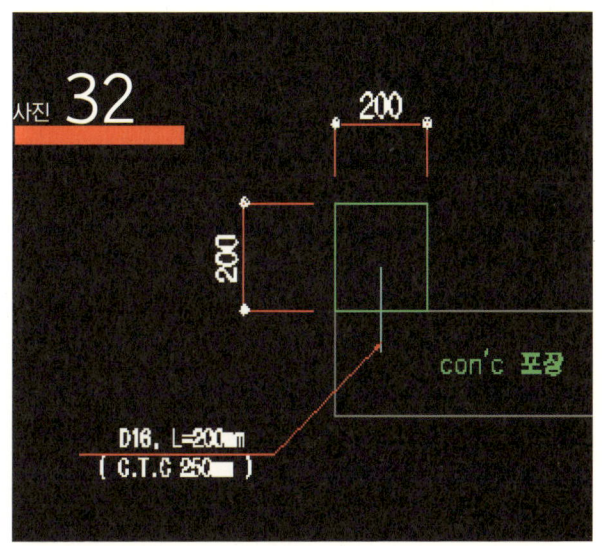

인 소성체이다.

난간벽에 콘크리트를 타설 하기 전, 포장과 접촉한 면을 울퉁불퉁하게 해 접촉면을 최대한 많게 하는 것이 두 구조체를 하나의 구조체로 만드는 데 유리하다. 울퉁불퉁하게 하는 작업을 치핑이라고 한다. 위와 같은 치핑 작업은 어려워서 현장에서는 하지 않는다. 대신 포장 콘크리트 타설시 사진 32처럼 철근을 일정한 간격과 일정한 길이로 꽂아두고 후 타설하는 난간벽과 일체구조물이 되도록 작업한다. 이때 연결하는 철근을 일본 말로 '사시낑'이라고 현장에서는 부른다. '이음 철근'이라고 부르는 것은 부적절하다. '연결 철근'이라고 한다.

연결 철근에 대해 철근 굵기와 길이, 간격을 어떻게 해야 한다는 규정을 찾아보려고 했으나 찾을 수가 없었다. 보통 철근의 굵기는 직경 10mm, 13mm, 16mm, 19mm, 25mm 등으로 나눈다. 연결 철근의 선택은 당연히 1m당 중량이 작은 직경을 사용하는 것이 경제적이다. 직경 10mm 철근은 토목 분야에서 사용하지 않고 주로 건축 분야에서 사용하므로 10mm 굵기는 예외로 한다. 철근의 굵기가 굵으면 단위 무게도 많이 나간다. 즉 1m당 무게가 직경 13mm는 0.995kg이고 직경 16mm 굵기는 1.56kg이다.

며칠 전 전화가 왔다. 발주처에서 납품한 임도 설계에 A업체에서 연결 철근을 직경 16mm으로 설계했으니 동일하게 맞추어 달라고 한다. 알겠다고 답변했으나 기술자로서 자존심이 구겨진다. 그렇다고 내가 적용한 13mm 철근이 맞는다고 주장할 근거를 찾을 수 없었다. 철근콘크리트 전공으로 박사학위를 받은 친구에게 자료를 받았으나 사소한 것이라서 연결 철근에 대해서 언급한 시방서나 규정이 없었다. 2000년대 초반까지만 해도 산림분야에서 산림 토목 설계는 산림조합중앙회에서 거의 독점하다 보니 산림 토목의 설계도면이 일률적이었다. 2010년대 이후 산림분야 설계회사들이 생겨나 지금은 포화 상태이다. 임도 설계용역도 여러 설계업체에서 이루어지고 있다. 대다수 설계업체는 많은 부분을 서로 공유하면서 도면을 사용한다. 필자 또한 마찬가지다. 하지만 일부는 나름대로 다르게 설계를 하고 있다. 대표적인 것이 연결 철근이다. 대다수 많은 산림토목 설계업체는 연결 철근을 16mm로 설계에 적용하고 있다. 필자 혼자만 13mm 굵기를 적용해왔다. 연결 철근 길이와 간격이 같다는 전제하에 철근 직경 13mm와 16mm 사용할 경우 1m 당 단위 무게가 더 무거운 직경 16mm 철근이 직경 13mm 철근보다 1.5배 이상 비용을 소모한다. 철근 자재 단가는 직경 13mm와 직경 16mm는 거의 비슷하고 건설 표준품셈에서 철근 가공조립품은 철근 무게 '톤'을 기준으로 산출하기 때문이다. 발주처에다 진솔산림기술사사무소에서 설계한 직경 13mm 연결 철근이 경제적이라고 억지로 우길 수 있지만 이미지만 나빠질 것 같아 참았다. 연결 철근을 직경 13mm에서 직경 16mm로 적용하니 전체 공사금액이 당초 3억 1500만 원에서 20만 원 정도 상승했다.

전체 공사비에서 차지하는 비중이 미미하다. 하지만 경제적인 면을 우선한다면 사소한 것이지만 다시 한 번 생각해 볼 필요가 있다. 많은 설계업체에서 사용한다는 이유보다 경제적인 측면을 고려할 필요가 있다. 설계의 가장 기본은 경제적인 계획이다.

입목 뿌리 밑막이와 근주이식 공종

산림청에서는 임도 표준품셈을 2016년 12월에 발행했다. 건설 표준품셈에 없는 입목 뿌리 밑막이 공종과 근주이식 공종을 사진33 포함했다. 기존 지장목의 근주를 성토 사면 하단부에 밑막이 형태로 쌓아서 시공한 것 사진34, 35 을 보았다.

침엽수종은 성공 확률이 거의 없지만 참나무류는 맹아 갱신력이 우수하기 때문에 새순이 금방 돋아난다. 콘크리트 옹벽, 석축 등 성토 사면에 강성체 구조물보다 유용한 것 같

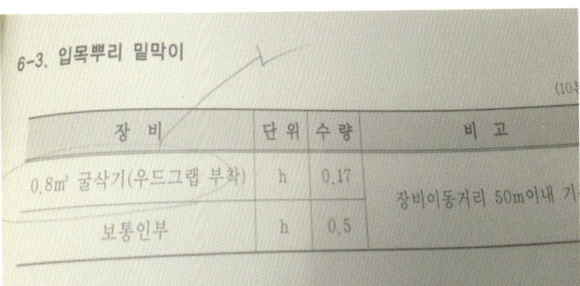

6-3. 입목뿌리 밑막이

(10본)

장 비	단위	수량	비 고
0.8m³ 굴삭기(우드그랩 부착)	h	0.17	장비이동거리 50m이내 기준
보통인부	h	0.5	

사진 33

사진 34

사진 35

다. 층따기 후 기존 지장목의 입목 뿌리를 성토부 비탈사면 아래쪽에 세워 놓은 후 흙 쌓기를 하면 성토 사면 붕괴나 슬라이딩 활동을 저지할 것이며 훼손 사면의 식생 복구도 금방 할 수 있다. 더욱이 폐뿌리 폐기물 처리비 또는 파쇄 비용 절감 효과도 있다. 저렴한 비용으로 큰 효과가 있기 때문에 설계에 적극적으로 반영해야 하고 널리 보급해야 한다.

불도저 투입

　임도 개설 공사에 불도저를 투입한 현장을 아직 본 적이 없다. 임도는 산지에 개설하는 1차선 도로다. 평면 선형 직선 구간이 길지 않다. 고속도로는 차량 속도를 높이기 위해 터널을 뚫고 높은 교각을 세우고 교량을 설치해 평면 선형을 직선 구간 내지 반경이 큰 곡선으로 계획한다. 반면 임도는 차량 속도보다 지형 여건에 순응하도록 곡선 설치가 많다.

　임도는 1차로이고 곡선 구간이 많으므로 공사에 불도저를 투입하는 것이 비효율적이다. 횡단 사면이 급해 불도저 투입 자

사진 36

사진 37

체가 불가능한 곳도 많다. 임도 설계에 유용토 운반 계획도 일반도로 설계처럼 유토 곡선 mass curve 에 의해 계산하고 있다. 토량 운반 거리가 20m 이하면 무대처리, 20m~60m 사이일 때는 불도저로, 60m 이상일 때는 덤프트럭으로 운반한다.

일반도로나 고속도로 시공에는 불도저 투입이 효율적이지만 임도는 불도저 투입 자체가 어려운데 임도 설계 시 불도저로 토량 운반 계획을 반영하고 있는 어처구니없는 현실이다.

산지에 개설하는 임도 특수성을 고려한다면 거리가 20m 이상일 때 덤프트럭으로 운반하는 것이 타당하다. 일반 토목 도로 설계를 무조건 베껴 산림 토목 분야에 적용하는 것은 산지 특수성을 고려하지 않는 것이다.

잔디의 우수성

 햇볕이 잘 드는 곳에는 잔디 떼가 잘 자란다. 묘지 주변에 큰 나무가 자라고 있으면 햇볕이 들어오지 않아 잔디는 점점 자라지 않는다. 잔디가 잘 자라고 있는 묘지나 골프장 주변에는 큰 나무가 없다. 사방댐을 시공할 때 측벽부, 댐 양안부에 잔디를 심고 햇볕이 잘 들면 활착 후 잘 자라서 훼손된 비탈사면을 빠르게 안정화 할 수 있다.

 임도 개설 후 길어깨부에 잔디를 심어 잘 자랄 수 있는 여건이라면 길어깨가 견실해진다. 굳이 돌 콘크리트 강성체

사진 38

로 안정화하지 않고도 저렴한 비용의 잔디로 보완할 수 있다. 잔디 활착이 빠르고 도태되지 않는 환경일 경우로 한정한다.

물의 흐름을 방해하는 잔디

　임도는 대부분 비포장이다. 종단물매 경사가 급한 곳은 콘크리트 포장을 하기도 하지만 종단물매가 급하지 않은 구간은 혼합석을 부설한다.

　최근 개설하는 임도에는 사진 39와 같이 노면에 혼합석을 부설하고 절토 사면에 L형 콘크리트 수로를 설치한다. 물론 지역별, 발주기관에 따라 하지 않을 수 있다. 사진 39는 L형 콘크리트 수로와 연결한 혼합석 부설면에 잔디를 식재하고 1년 지난 후에 찍은 사진이다.

사진 39

사진 40

사진 40을 보면 L형 콘크리트 수로와 혼합석 부설 연결부에 식재한 잔디 뿌리가 뻗어 노면에 흐르는 빗물이 콘크리트 수로에 흘러 들지 못하게 막고 있다. 비가 올 때는 노면에 떨어지는 빗방울이 옆도랑으로 흘러 들어야 노면 침식을 방지 할 수 있다.

사진 40에서 보듯이 수로로 흘러 들어가지 못한 물이 콘크리트 수로와 평행하게 흐르면서 혼합석 부설 노면을 침식한 것이다. 잔디 식재가 시공 당시에는 혼합석 부설의 마무리를 깔끔하게 해주는 역할을 했으나 잔디가 자라면서 물의 흐름을 방해한 것이다. 사진 41에서는 L형 콘크리트 수로와 혼합석 부설 면에 잔디 식재를 하지 않았다.

사진 41은 사진 42구간 시공을 완료한 후 2년 후에 찍은 것이다. 콘크리트 수로 끝에 잔디 식재를 하지 않으니 노면의 빗물이 콘크리트 수로로 흘러 들어 혼합석 부설 연결부가 패이지 않았다. 잔디 식재 후 뿌리가 뻗어 흙을 고정하는 장점도 있지만 사진 40처럼 노면 침식을 유발하는 문제를 일으키기도 한다.

사진 41

사진 42

옆도랑 측구

 필자가 임도를 설계할 1990년대에는 km당 단비에 맞춰 설계했다. 산림청에서 임도 1 km 개설에 1억이라는 비용을 책정해 놓으면 산 지형에 상관없이 그 예산으로 1 km를 개설해야 했다. 그나마 다행인 것은 임도 개설 난이도에 따라 ±10% 범위에서 거리를 조정할 수는 있었다.

 횡단 경사가 급하고 암반이 많으면 1.0km 예산으로 0.9 km를 개설해야 하고 반대로 산 지형이 완만할 경우 1.1km 까지 개설할 수 있었다. 당연히 지형이 험한 구간에서는 최

사진 43

사진 44

소한 공종 노체 개설과 관 매설 사면 파종 공종만 반영하는 임도를 개설했다. 2000년 이전까지 그렇게 설계했다.

목표 달성 위주로 임도 설계가 이뤄지니 성토 사면에 필요한 옹벽 또는 측구 옆도랑에 구조물, 콘크리트포장 공종 등을 누락하는 경우가 빈번했다. 그 결과 집중호우가 내리면 임도가 산사태 발생의 주원인이 되었다. 성토된 흙다짐이 불량해 비가 내리면 함수량 증가로 성토면이 붕괴하는 일이 잦았다.

2000년대 들어서면서부터 산림청은 '녹색임도'라는 구호로 시설 단비에 상관없이 현지 여건에 맞게 구조물도 반영하고 건실한 임도를 구축하기 시작했다. 그 이후에야 비로소 임도가 산사태의 주범이라는 오명을 벗을 수 있었다.

견실한 임도 설계의 계기가 되었다는 점에서 긍정적 측면이 있지만, 단비 제한 없이 임도를 설계할 수 있으니 설계자들이 과다 구조물을 반영하는 경우가 종종 있었다. 필자의 개인적인 생각일 수 있지만 지나치게 구조물을 반영해 예산을 낭비하는 사례가 빈번하게 발생했다.

임도 옆도랑을 반영하지 않고 무조건 콘크리트 수로로 설계하는 것이 대표적인 사례이다. 종단물매가 약해 대체로 5% 이하이고 횡단 사면 경사가 완만할 때 암반이 없을 경우에는, 옆도랑을 설치하는 것이 유리하다는 것이 개인적인 생각이다. 산지 횡단 경사가 완만할 경우 옆도랑 측구를 개설하면 산지 훼손이 많아져 토목공사비용이 증가하지만 구조물 공사비용은 줄일 수 있다. 임도 개설 당시에는 산지 훼손이 심하게 보이지만 차량통행 시 시야가 넓어 유리해진다. 훼손된 사면은 5년 정도 지나면 식생이 도입되어 산지로서 환원하기 마련이다.

임도 옆도랑 개설은 지형에 따라 유불리가 정해진다. 임도 설계자는 현장 조사 시 종합적인 측면을 고려해 가장 경제적인 임도를 개설할 수 있도록 고민해야 할 것이다. 산림분야의 설계업체가 많은 관계로 설계자들의 생각도 제각각이다. 중요한 것은 임도 설계자의 사명감을 가지고 여러 가지 안에 대해서 고민을 한 후 나름 최적안으로 선택하기를 바라는 마음이다.

횡단물매, 외쪽물매

 부끄러운 과거 하나가 있다. 대학에서 토목공학을 전공한 나는 졸업 후 취업을 하지 않고 7급 공무원 시험을 준비하고 있었다. 당시에는 건설 경기가 너무 좋아서 취업은 식은 죽 먹기였다. 토목기사 자격증까지 소지하고 있었기 때문이다.

 졸업하던 해 여름, 친구가 일하는 2차선 도로 확장 공사 현장에서 잠시 아르바이트를 했다. 2차선 도로지만 아스팔트 포장을 하기 전에 먼저 도로 갓길에 배수로를 시공해야 한다.

 아스팔트 도로의 횡단 단면 상에서 도로의 중심점 계획고보다 갓길 쪽은 조금이라도 낮아야 한다. 이 경우 횡단 경사 1~2% 정도 된다. 그래야 빗물이 고이지 않고 갓길 쪽으로 흐르기 때문이다. 이를 횡단물매라고 한다. 물론 도로가 직선인 구간을 말한다.

 도로가 곡선 구간일 때는 곡선의 안쪽이 낮고 바깥쪽이 높아야 한다. 도로 중앙지점보다 바깥쪽이 더 높아야 한다. 그러면 차량이 곡선 구간을 주행할 때 원심력에 의해 차량이 바깥쪽으로 쏠리는 현상을 방지해 곡선 구간을 안전하게 주행할 수 있다. 이를 횡단 편물매 외쪽물매 라고 한다. 흔히 편구배라고 한다. 건설 현장에서 사용하는 말은 일본 말이 많다. 노가다, 아시바, 사시낑 등과 마찬가지로 구배도 일본말이다. 구배의 우리말은 물매다. 우리말 사용하길 권장한다.

 도로 확포장 공사 현장에서 아르바이트할 시절, 갓길 배수로 콘크리트수로 터파기 횡단물매를 고려해 수로 높이만큼 터파기를 더 해야 한다. 기준점 높이를 측정해 터파기 깊이 측량을 친구가 나에게 한번 해보라고 했다.

 수준측량을 해보니 5cm 정도 더 파야 하는데 거꾸로 덜 파도록 측량을 해준 적이 있었다. 나중에 도로 노면 아스팔트 포장을 할 때 외쪽물매가 나오지 않아 거의 수평 포장으로 마무리했다. 다행히 그 도로는 차량 통행이 많지 않은 도로라서 일반인들은 잘 모른다. 만약 그 도로가 고속도로처럼 차량 통행이 잦은 도로였으면 재시공해야 했을 것이다. 부끄러운 과거를 이제야 고백하며 작은 죄를 씻어내는 기분이다.

　도로 외쪽물매가 잘못된 곳이 또 있다. 내가 관계했던 현장은 아니지만 이곳을 지나면 도로 외쪽물매 시공이 잘못

사진 45

되었음을 느낀다. 대구시 칠곡에서 국우터널을 지나서 서변동 방면 내리막길로 오다 보면 왼쪽으로 굽었다가 다시 오른쪽으로 도는 구간이 있다. 이 구간을 운전하다 보면 오른쪽으로 도는 곡선의 바깥쪽인 왼쪽이 높아야 하는데 외쪽물매가 시공되어 있지 않은 것처럼 느껴진다. 측량해 본 것이 아니라 정확한 판단을 내리기에는 어려움이 있지만 아마도 과거 필자의 실수처럼 이곳도 편물매 시공이 안 되어 있을 것으로 추측한다. 하지만 이곳은 대구 순환도로가 확장될 예정인지라 곧 외쪽물매의 구간은 보완이 될 것이다.

도로에 편물매가 있듯 임도에서도 외쪽물매를 주어야 한다. 직선 구간에서는 중앙지점에서 좌우로 낮게 시공하는 횡단물매 시공은 무의미하다. 1차선이고 비포장도로이기 때문이다. 콘크리트포장을 하는 경우에도 어느 한 방향으로 약하게나마 외쪽물매를 주는 것이 유지 관리 측면에 더 좋을 수 있다. 정확히 말하자면 임도에서도 곡선 구간에서는 외쪽물매를 시공하는 것이 맞다.

오래전 일이다. 임도 업무를 총괄하는 어느 공무원이 임도 외쪽물매를 곡선부의 바깥쪽이 높게 하는 것이 아니고 노면의 배수를 옆도랑 쪽으로 하기 위해서는 무조건 절취사면 쪽으로 즉 옆도랑이 있는 쪽으로 물이 흐르도록 낮게 시공해야 한다고 우긴 적이 있었다. 그 공무원은 나중에 제대로 알고 난 후부터는 말을 바꾸었다.

비슷한 논리로 우긴 사람이 또 있었다. 그 공무원처럼 임학을 전공한 사람이었다. 임도 곡선구간에서는 무조건 배수가 유리하도록 옆도랑이 있는 쪽이 낮도록 외쪽물매를 시공해야 한다고 말했다. 속으로 웃고 말았다. 외쪽물매는 노면 배수를 우선해 시공하는 것이 아니다. 차량 통행의 안전을 우선해 시공하는 것이다.

이제는 제대로 알고 부끄러운 산림공학 기술자가 되지 말자.

소나무 두 그루를
지날 때마다
그 사이에
새로운 삶의 방식으로
통하는 문이 있다.

존 뮤어 John Moore

암거BOX 규격

 안전점검 진단차 현장으로 나갔다. 2019년 3월 29일의 일이다. 임도 입구에 암거BOX가 시공되어 있었다. BOX 규격은 대략 가로 3.0m, 높이 3.0m이었으며 상·하류에 연결된 계류는 높이보다 폭이 넓은 형상을 이루고 있다.
 계류 상류에서는 계폭이 넓고 계상의 높이가 낮은 직사각 형태로 이어지다 계폭과 계상의 높이가 같은 정사각형의 BOX로 통과하고 다시 하류부에서는 직사각 형태 계류로 변하는 형태가 된 것이다. 결국 BOX 구조물은 자연지형

계류의 형상을 인위적으로 시설물로 바꾸어 버린 꼴이다. 홍수 시에는 상·하류부와 BOX 지점에서 유속도 달라진다. 현장에 시공된 BOX 크기가 집수유역 면적보다 과다한 크기로 시공된 듯한 느낌이 들었다. 수리계산을 하지 않고 현장에서 느낀 나의 직감이다.

BOX가 집수유역 면적에 비해 크면 홍수 시 안전할 수 있다. 2001년 태풍 '루사', 2002년 태풍 '매미'가 한반도를 연속으로 강타해 온 국토에 피해를 준 적이 있었다. 1995년부터 산림분야 일을 해오면서 지금껏 가장 큰 피해를 준 태풍으로 기억하고 있다. 당시까지는 임도 설계를 할 때 집수유역이 넓은 계류에서 예산이 많이 드는 교량시설은 거의 설계에 반영할 수가 없었으며, 건설부에서 발간한 BOX 표준구조도를 사용해 설계했다. 집수유역 면적이 넓은 계류에서는 BOX를 2열 또는 3열로 설계해 왔다.

집중호우 때 상류에서 산사태가 일어나면 나무가 떠내려 올 수 있다. 이 경우 BOX의 단경간은 큰 문제가 없으나, 2열, 3열 짜리 BOX에서는 떠내려온 긴 나무가 BOX 교각에 걸리게 된다. 떠내려오는 여러 부유물유목, 토석등이 여기에 막혀 하류로 내려가지 못하게 되어 BOX 설치지점에서 임도 노체 파괴가 일어난다.

2001~2002년 큰 태풍피해를 입은 후부터는 집수유역 면

적이 넓은 계류를 통과하는 임도에서는 2열, 3열의 BOX 설계를 지양하고 단경간 BOX를 설계했다. 건설부에서 제시하지 않는 규격 (7.0×3.0), (5.0×2.5) 등 BOX를 구조 계산한 후에 설계하곤 했다.

 임도 설계에서 2~3열 암거를 사용하지 않게 된 계기가 2001~2002년 피해를 준 태풍을 경험한 이후였다. 계류 폭이 아주 넓은 곳에서는 임도 예산이 넉넉하지 않은 편이라

사진 46

교량은 아예 엄두도 내지 못하고 대신 물넘이 포장, 세월교로 설계하곤 한다. 예산이 부족하기 때문이다.

 태풍으로 피해가 발생한 임도 현장을 본 산림공학 기술자들에게는 단경간 BOX로 설계해야 하는 이유에 대해 굳이 설명하지 않아도 알고 있을 것이다. 이제 갓 학교를 졸업했거나 처음 산림분야를 접하는 산림공학 기술자들은 BOX 단경간으로 해야 할 이유를 모를 수 있다. 임도뿐 아니라 농로나 지방도로에서 같이 적용할 것이며, BOX 또는 교량 설계 시 이왕이면 교대와 교대 사이를 넓게 하고 교각을 최소한으로 설계하는 것이 홍수 피해를 최소화할 것이다.

임도 설계도면 작성 프로그램

 임도 설계를 처음 접한 것은 1995년 1월이었다. 당시 임도 설계도면 작업은 반자동이었다. 설계도면은 아래와 같이 나눌 수 있다.

 평면도 하늘에서 본 그림
 종단면도 노선을 일직선을 쭉 편 후 옆에서 본 그림
 횡단면도 종단면도 각 측점마다 직각으로 자른 단면 그림

 1995년에 종단면도와 횡단면도는 자동화 프로그램으로 수치 값을 입력한 후 그림으로 그려지는 프로그램을 사

용했고 평면도는 복잡한 관계로 자동으로 그려주는 프로그램이 없어서 수작업으로 평면도를 그렸다. 산림조합중앙회에서 근무할 때였다. 도면을 그리는 보조원들이 몇 명이 있었다. 단순 업무를 하지만 4년제 대학을 졸업한 유능한 여직원들이었다. 그 중에 어떤 이는 공무원으로 진출했고 어떤 이는 산림분야에서 준 기술자로, 어떤 이들은 가정 주부나 다른 업종으로 떠나갔다.

대학에서 도로의 기본 개념을 익혀 곡선 반지름 설치에 따른 용어들을 알고 있었으므로 어렵지 않게 업무에 적용할 수 있었다. 지금 임학과나 산림자원학과를 전공한 졸업생은 이런 공부를 깊이 하지 않기 때문에 쉬운 업무가 아닐 수 있다.

1997년으로 기억한다. 임도 설계도면 작성 프로그램인 <오솔길>이 등장했다. 당시만 해도 임도 설계는 산림조합중앙회 각 도지회에서만 했기 때문에 전국에서 이 프로그램을 사용하는 곳은 각 도에 9개 지회 산림조합엔지니어링본부 포함가 전부였다. <오솔길> 개발자는 기계공학 전공자이면서 CAD에 관해 전문지식을 가진 유능한 분이었다. 임도 도면 수기 작성하는 방법 그대로 전산 입력해 자동으로 평면도, 종단, 횡단 도면을 그리게 하는 프로그램이었다.

개발자의 엄청난 노력이 들어간 소프트웨어였다. 한 카피당 천만 원에 판매하다가 지금은 그 절반 가격으로 판매하고

있다. 당시 수요처는 9곳이 전부였지만 지금은 설계업체가 많이 생겨나고 <오솔길>도 전국적으로 많이 사용하고 있다.

<오솔길> 프로그램을 사용하면서 개발자에게 모순된 점을 개선해 달고 요구한 적이 있다. 수정하고 업그레이드했지만 나는 아직도 <오솔길>을 사용하지 않는다. 더 좋은 프로그램이 있기 때문이다. 일반 건설 분야에서 사용하는 프로그램이다. 산림조합에서 퇴직하고 혼자 사업자등록증을 만들고 파트타이머로 임도 설계할 때 일반 도로에서 사용되는 프로그램을 사용해보니 완벽한 소프트웨어였다. 단점이 있다면 임도에 필요하지 않은 기능들이 너무 많다는 점 뿐이었다.

<오솔길> 개발자에게 피해를 주려고 쓴 글이 아님을 이해 바란다.

지금은 어느 정도 업그레이드 되었는지 알 수 없지만 <오솔길> 프로그램은 모순이 있었다. 개발자가 소프트웨어 개발 전문 지식인이지만 도로설계 전문가가 아니어서 발생하는 모순이다. 대표적인 것이 교각이 생기는 곳에서 평면곡선 설치를 하지 않으면 교점(IP)이 생기지 않는 것이다. 수량 산출에서도 한계가 있었다. 유용토 운반량 산출을 자동화하지 못했다.

나중에 개발한 <오솔길> 사방 프로그램에서도 바닥막이의 규격 표기가 잘못된 점과 바닥막이 측면부 거푸집을 계산에 반영한 것 등 몇 가지 오류가 있다. <오솔길>을 처음 접하는 설계자는 잘못된 것들이 있는지도 모르고 사용한다.

  도로 전공자가 아닌 프로그램 전공자가 만든 <오솔길>의 오류는 제대로 업그레이드하고 수정해야 후배 기술자들이 올바른 지식으로 산림공학을 발전시켜 나갈 수 있을 것이다.

AutoCAD 2011   경사도14.dwg

폴리선
색상   ■ByLayer
도면층   F0017111

제2부
숲에서 물을 다루다

사방 砂防 에 관한 이야기

사방댐의 규격 표기

 1960~70년대에는 벌거숭이 산에 녹화가 시급해 산지사방사업을 주로 시행해오다가 1990년대 산림녹화가 완성되어 계간 사방으로 발전했다. 2000년대 이후에는 기후변화에 따른 집중호우로 인해 산사태가 빈번하게 발생하고 예방책으로 사방댐을 많이 설치하게 되었다.

 사방댐 설치 후 사방댐의 규격을 표기한다. 산림청 고시 제 2015 - 57호 「사방사업의 설계·시공 세부기준」 2015.8.10 별표 1에는 사방댐 "표주석" 표준 시안을 사진 47과 같이

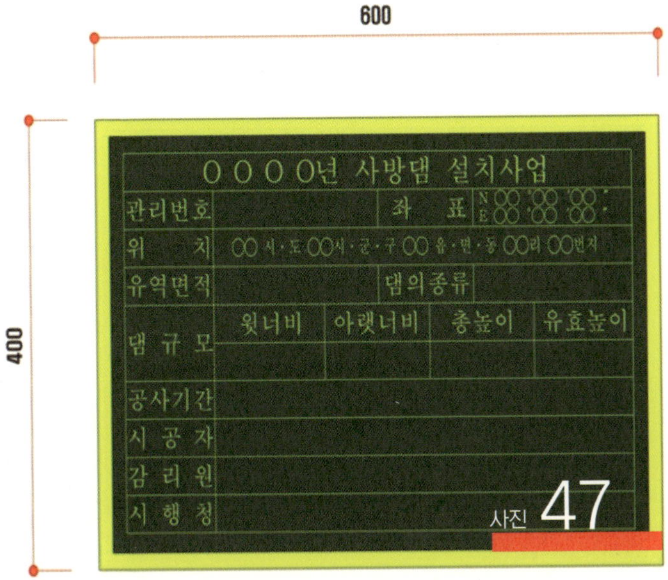

사진 47

제시하고 하고 있다.

한 가지 오류를 바로잡고자 한다. 계간 사방의 공종으로 대표적인 사방댐, 바닥막이, 골막이는 계류의 물흐름과 직각 방향으로 설치하는 횡공작물이며 계류의 물흐름과 나란히 설치하는 기슭막이, 수제는 종공작물이다. 사방댐은 계류의 횡으로 설치되는 공작물이므로 사방댐 규모를 표기할 때 윗너비, 아랫너비를 사용하는 것은 부적합하다. 따라서 윗너비는 윗길이상장으로 아랫너비는 아랫길이하장으로 표기해야 할 것이다. 또한 바닥막이도 표기도 간혹 (H=1.0m, B=5.0m)로 표기하는 경우도 있다. 이 또한 (L=5.0m, H=1.0m)로 표기해야 한다.

효과적인 사방댐

 댐은 물을 가두는 게 목적이고 사방댐은 토사(토석)를 가두는 게 목적이다. 왜 토사를 가두는가? 홍수나 산사태가 발생하면 토석이 일시적으로 떠내려오게 되는데 이때 하류에 큰 피해가 발생하므로 사방댐을 설치해 토석을 저지하는 것이다.
 사방댐의 기능은 계상 물매를 완화해 계상의 종·횡 침식을 방지해 산각을 고정하는 것이다. 또한 이미 계상에 쌓인 토석이 하류로 이동하는 것을 막아 하류 피해를 예방한다.
 일반적으로 교과서에서는 사방댐 설치지점은 계폭이 좁고

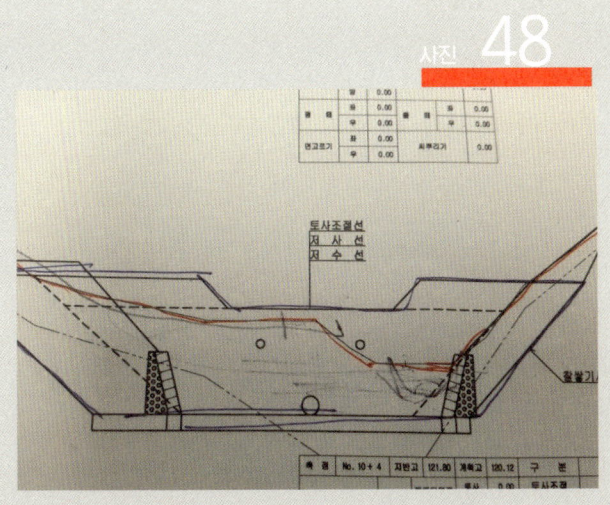

사진 48

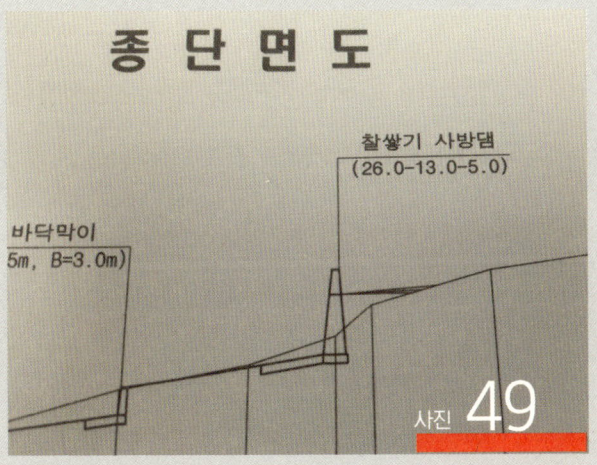

사진 49

상류부 계폭이 넓은 곳에 설치할 때 공사비는 적게 들고 저사량을 극대화할 수 있어 경제적이며 본류와 지류가 합류하는 곳, 하류부에 설치할 때는 사방댐을 하나로 본류와 지류 모두 저사 시킬 수 있어서 효과적이라고 흔히 말한다.

하지만 현장에서는 위와 같이 이론적으로 완벽한 사방댐 설치 장소를 찾기는 것은 쉬운 일이 아니다. 최근 사방사업 설계 심의 차 현장을 방문해 사방댐 설계도면을 검토하니 위에서 언급한 사방댐 기능을 극대화하지 못한 계획도면을 만나는 현실이 안타깝다.

사진 48, 49를 살펴보자. 사방댐 유효고 가운데 땅 속으로 너무 많이 근입시켜 저사거리 저사량가 얼마 되지 않는다. 또 다른 계획 도면 역시 땅속으로 계획해 놓았다.

물론 퇴적 구간이라면 퇴적 토사의 고정을 위해 위와 같이 계획해도 무방하지만 저사량도 미미하다. 이런 경우에 사방댐 끝돌림에 바닥막이 또는 앞 댐을 연결해 본 댐의 계획고를 높이는 것을 추천한다.

시공 후 사방댐 전면에서 볼 경우 댐의 효과, 즉 저사량의 극대화가 얼마나 되는지 알 길이 없다. 그저 전시 효과밖에 없다. 사방댐을 설치해 저사량을 극대화할 수 있도록 계획하는 것이 산림공학 기술자 본연의 임무가 아닐까? 설계자의 자부심과 더불어 책임 의식을 가져야 할 것이다.

깬잡석 사방댐

 2000년에 시공한 금오산 자연학습원 뒤편 보막이 시공 장소를 다녀온 적이 있다. 지금은 '보막이'라는 용어를 거의 사용하지 않고 사방댐 또는 소형 사방댐이라고 부른다.
 오랜만에 깬잡석으로 시공한 사방댐을 본다. 필자는 사방댐 설계를 2002년부터 해왔다. 당시에는 깬잡석을 이용한 사방댐 설계를 가끔 했는데 지금은 거의 하지 않는다.
 석공의 수급과 비싼 노임이 주원인일 것이다. 보통 25cm×25cm×35cm 크기의 깬잡석을 굴삭기로 시공할 경우 크기 면에서 야면석 30cm×30cm×45cm보다 효율성이 떨어진다. 게다가 2014년도부터 건설품셈의 돌쌓기품은 장비사용을 적용하도록 해 시공자가 손해 보는 꼴이 되었다.

 사방품셈에서는 건설품셈 변경 전의 인력품을 그대로 적용하게 되어 있다. 사방품셈에서 깬잡석 시공 시 밑돌과 천단돌에 대한 석공 품을 별도로 가산하게 되어 있어 지금의 건설품셈이 아닌 사방품셈을 적용해 설계할 경우 시공자도

사진 50

손해 보는 일이 없을 것이다.

사방댐을 깬잡석으로 시공할 때 석력이 큰 입자가 떠내려 오는 계류에는 파손이 쉽다. 규모가 크지 않은 사방댐을 세사천의 경우로 한정해 깬잡석으로 설계, 시공해 산림토목 분야만의 돌쌓기 노하우를 만들어 갈 수 있을 것이다.

사방댐의 주기능

 사방댐의 주기능은 홍수 시 토석이나 유목 등이 떠내려올 때 이를 저지시켜 하류 농경지나 가옥을 보호하는 것이다.
 최근 공사가 끝난 사방댐 공사현장 이야기다. 당초 설계에는 사방댐의 유효고가 1.5m였던 것을 시공과정에서 2.5m로 더 높여 공사했다. 이런 방안을 제의한 것은 감리원이었고 그 감리업무를 필자가 했다.
 사방댐을 애초보다 높게 시공했으나 대신 불필요한 돌붙임 공종을 포함하지 않은 관계로 공사비용은 그대로였다. 애초

설계자의 의도가 틀렸다고 말하는 것이 아니다. 사방댐의 유효고는 3.0~4.0m인 경우가 보통이다. 유효고 1.5m는 계상 침식 방지용 바닥막이 역할 정도일 뿐 저사 시킬 공간이 턱없이 부족하다. 감리하면서 사방댐의 주된 목적을 극대화하자는 내 의견에 왜 당초 설계를 무시하느냐고 불만을 표한다.

사진 51

사방댐 본래 목적에 충실하고 효율적인 사방댐으로 만드는 일은 기술자의 자존심과 사명이다.

사방댐 본체 측면의 비탈 기울기

 사방댐 설계 시 방수로 단면적, 물받이 길이 두께 등은 사방공학 책자, 사방기술 교본에서 산출식을 제시하고 있다. 국유림 사방댐 설계 심사 목적으로 경남지역을 다녀온 적이 있다. 대체로 지역 설계용역 업체들이 사방댐의 측면 비탈 기울기를 급하게 비탈 경사 1:0.6~0.8 정도 계획해 사방댐 하장을 다소 지나치게 설계하는 경향을 보았다.
 사진 52에서 좌측부 어깨 근입은 현 지반선에 따라 적정하게 정했다. 그림 ①의 우측부 어깨 근입은 상부에는 적

사진 52

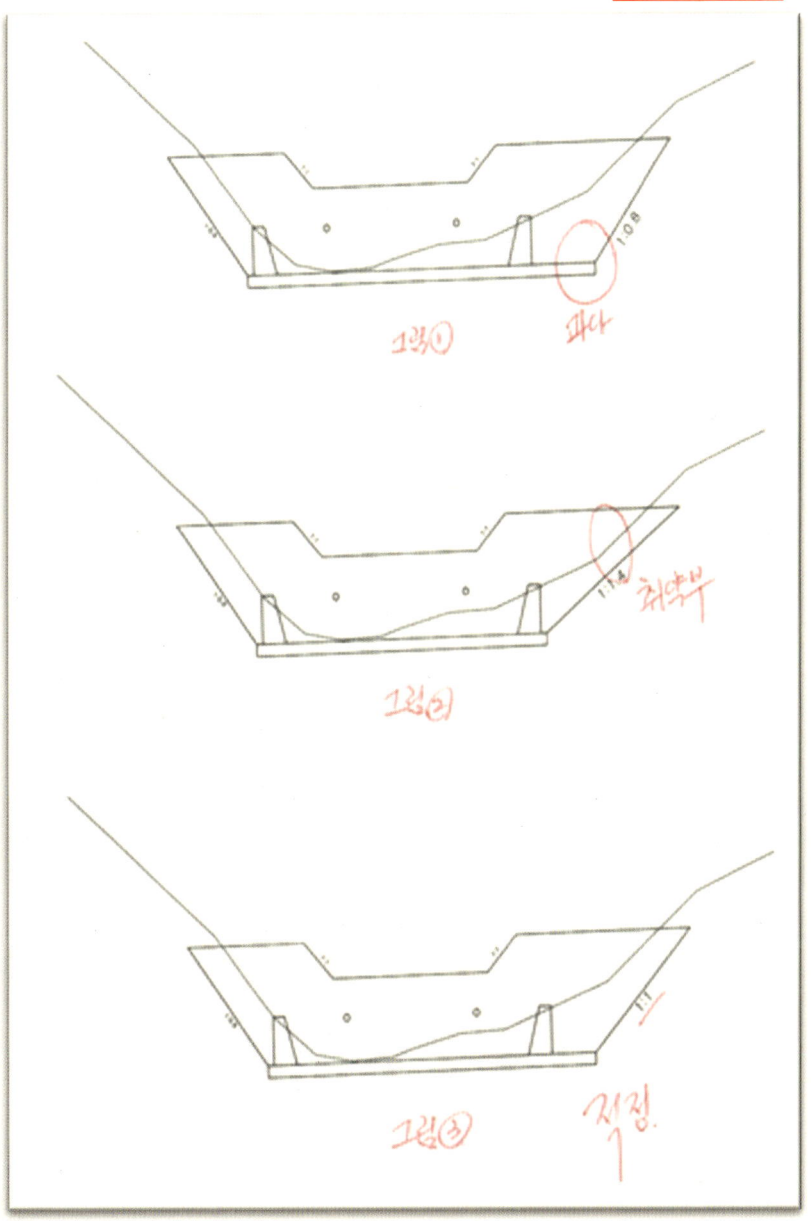

EROSION CONTROL | 135

정하나 하부에서는 지나치게 근입해 댐 하장이 길어져 공사비용이 과다하게 상승한다. 현지 지반의 토질에 따라 많이 근입할 필요성도 예상할 수 있으나 암반 또는 견질 토사인 경우 과다 설계가 될 수 있다.

그림 ②처럼 우측 측면부 기울기를 너무 완만하게 계획할 경우에는 현 지반이 견고하지 않을 경우 사방댐의 자체중량으로 인해 침하가 일어나 댐의 안정성에 문제 될 수 있다.

지반이 토사일 경우에는 그림 ①처럼 우측 측면 기울기를 완만하게 설계할 경우는 댐의 하장이 길어져 공사비가 높아지고 그림 ② 경우에는 댐의 우측부가 취약하게 설계되어 댐의 안정성에 문제가 있다.

댐의 자중을 견딜 수 있는 견고성에 따라 비탈 기울기를 정하는 게 합리적이지만 개인적 판단으로는 그림 ③과 같이 측면부 기울기를 1:1 정도로 계획하는 것이 적정할 것이다.

사방댐의 안정과 위치에 대해

 사방공학 교재에서는 사방댐을 다음과 같은 장소에 설치하라고 명시하고 있다. ①견고한 암반이 있는 곳 ②사방댐 자리의 계폭은 좁고 상류부 계폭이 넓은 곳 ③기타 등등. 견고한 암반이 있는 곳이라야 사방댐이 안전하기 때문이다.

 사방댐 자리가 좁고 상류부가 넓은 곳은 저사 공간이 넓어 경제적이다. 대부분의 사방댐은 중력식 형태로 시공한다. 댐 자체 중량을 높게 하는 이유로 중력식이라 한다. 저사 되는 토압과 수압에 대항하기 위해서다. 사방댐의 단면을 크게 해서 퇴사압 및 수압에 견딜 수 있다. 하지만 댐 단면이 커져 자체 중량이 높아지면 지반 침하 가능성이 커진다.

사방댐이 제 기능을 유지하려면 ① 전도 넘어지는것 ② 활동 미끄러지는것 ③ 침하 가라앉는것 ④ 제체 파괴 또는 내부응력 댐자체가파괴되는것 4가지 사항을 고려해 안정적으로 설치해야 한다. 특히 위 4가지 사항 중 ③침하를 고려할 때 계상 바닥에 암반이 있으면 침하 우려가 없지만, 사방댐 몸체 단면을 크게 하기 때문에 자체 무게가 많이 나간다.

현실적으로 사방댐 현장에서는 위치 결정 시 계류 바닥 암반 유무를 등한시하고 있다. 바닥의 튼튼함 보다 저사 공간이 넓은 곳을 선택하기 때문이다. 저사량을 최대화해 사방댐의 목적을 극대화하는 것이 우선이다.

사방댐의 안정성인 침하에 대비하지 말자는 이야기는 아니다. 사방댐의 기능에 초점을 맞춘 후 댐의 안정성은 다음으로 검토해야 할 것이다.

만약 사방댐을 설치할 곳에 암반이 존재하지 않는다면 어떻게 할 것인가? 대부분 경험을 토대로 댐의 기초부 단면을 결정한다. 필자 역시 경험치에 의해 계획하고 있다. 사방댐 내부응력이 불안정해 사방댐 몸체가 파괴되는 것은 본 적이 있으나 활동이나 전도에 의해 파괴되는 것을 본 적은 없다.

그렇다고 경험에 의한 댐의 단면 결정이 아무런 문제가 없

사진 53

사진 54

는가? 혹시나 지나치게 과다하게 설정했기 때문에 전도나 침하에 안정한 것은 아닐까? 고민해 본다.

투과형 사방댐

 평상시에는 상류에서 흘러오는 토사를 사방댐에 가둘 필요가 없다. 그대로 하류로 흘러내려 보내면 된다. 상류에서 산사태가 나거나 집중적으로 비가 내리면 산지 침식에 따른 토사 이동량이 많아지고 부러진 나무와 돌멩이들이 떠내려온다. 떠내려온 토석들이 순간적으로 많아지면 계곡 물길이 변해 농지 및 가옥 피해를 일으킨다.

 태풍이 오거나 집중호우가 내려 피해가 발생하는 것은 아니다. 10년에 한 번, 아니 100년에 한 번이라도 피해를 일으킨다면 그 피해를 사전에 예방하고자 하는 시설물이 사방댐이다. 평상시 큰비가 오지 않을 때 침식된 토사를 하류로 흘려 보내기 위해서는 사방댐을 불투과형으로 시설하기보다 투과형으로 계획하는 것이 바람직할 것이다.

 사진 55 사방댐은 2014년에 설치해 약 5년 정도 지났지만, 아직 집중호우에 의한 토석이 일시적으로 내려온 적이 없

사진 55

어 사방댐 기본 역할을 하지 못하고 있다. 소량의 토사만 가두고 나뭇잎들이 쌓여 부패하는 중이다. 투과형 사방댐은 평상시에는 하류로 토사를 조금씩 흘려 보내 하천 골재도 만들 수 있다. 자연법칙에 순응하는 것이 이치 아닐까?

사진 56

사진 57

사진 58

사방댐의 역할

 사방댐은 산사태 발생 시 일시적으로 내려오는 토사, 돌멩이, 유목 등을 저지시켜 하류 농경지나 가옥 피해를 방지한다. 계류에 불안정한 퇴적 토사를 고정해주는 역할을 하기도 한다. 얼마 전 기존 사방댐에 추가 시설을 하기 위해 현장 조사를 나갔다. 사방사업 시행 초창기인 1980년대에 설치한 사방댐은 제 기능을 다 했다. 댐 뒤편 상류부에 시설 후 내려온 토석들이 쌓여 더는 저사 시킬 여유 공간이 없었다.

 이 사방댐은 임무를 완수한 것이고 앞으로는 퇴적 토석이

하류로 더 내려가지 않도록 하는 역할만 남았다. 기존 사방댐 저사 용량을 다했기에 지금부터는 산에서 떠내려오는 토석이 그냥 하류로 흘러들 것이다. 평상시에는 미미하게 토석이 떠내려오니 별 문제가 없으나 집중호우 시 산의 일부가 붕괴하거나 많은 토석이 떠내려올 경우 하류에 큰 피해를 가져올 수 있다. 사방댐을 추가로 설치해야 한다.

　기존 사방댐의 상류부에 추가할 것인가? 아니면 하류부에 추가로 설치할 것인가? 어디가 좋을지 고민했다. 상류

사진 59

부에는 저사 공간이 작다. 하류부에는 저사 공간이 크다. 대신 기존 사방댐은 땅 속에 일부가 묻힌다. 상류부일까? 하류부일까? 사방댐이 제대로 기능할 수 있는 곳에 설치하는 것이 우선일 것이다.

계류보전사업 종단 계획물매에 대한 고민

 계곡 침식은 그 지형에 있는 돌멩이의 크기, 종단물매, 홍수 시 유량 등에 따라 침식 정도가 다르다. 계류 침식을 방지하기 위해 계획 물매가 지나치게 완만하면 퇴적으로 인해 계상 바닥이 높아진다.

 사방공학 책자에는 대략 현지 계상 물매의 1/2~2/3 범위로 설정하라고 하지만 이 또한 정답일 수 없다. 1/2~2/3 범위가 그 계류의 안정 물매가 될 확률이 높으나 공사 후 계상 인자 크기의 변화로 마찰계수 값에 변화가 일어나고 수로 단면 폭을 변경함에 따라 평균 수심도 바뀐다.

설계 및 시공요령 교재에서 제시한 공식들은 경험에서 얻은 값이기 때문에 모든 현장에 일률적으로 적용하기에는 무리가 따른다. 예를 들어 산악지라고 유출계수 값 0.8을 일률적으로 적용하는 것 등이다. 경험식에 적용할 계수 값들은 설계자 판단에 따라 적용하므로 설계자에 따라 값이 조금씩 달라질 수 있다.

일반 하천의 경우 종단물매가 대체로 산림 내 계류보다 완만해 침식변화가 적다. 따라서 산지의 평형(안정)물매 값을 찾아내는 것은 결코 쉬운 게 아니다. 단지 일반 하천에 비해 소규모이기에 관심이 적은 관계로 누군가 심층적으로 연구하지 않을 뿐이다.

안정물매 값을 찾는 것이 결코 쉬운 일이 아닌데 대다수 설계자가 일률적으로 사방 교재에서 제시하는 공식을 적용해 현장 검증도 없이 그냥 공식에서 나온 값을 안정물매로 계산해 바닥막이 구조물을 계획한다. 계류 전 구간을 일률적으로 적용하는 경우도 있는데 이는 신중히 결정할 필요가 있다. 상류부와 하류부 안정물매는 달라질 수 있으니 한 번쯤 검토해야 할 것이다. 하류부 물매는 상류부 물매보다 같거나 완만하게 해야 한다.

계류보전사업 설계 시 침식을 예방할 수 있는 안정물매 계획을 얼마로 할 것인가? 이에 대한 답은 현장에서 찾는 게 가장 현명할 것이다. 침식이 일어나는 구간 종단물매보다는 완만하게 할 것이고, 퇴적이 일어나는 구간의 종단물매를 현 물매보다는 좀 더 급하게 계획할 것이다. 침식도 퇴적도 일어나지 않는 구간을 현장에서 찾아 해당 계류의 평형물매로 정하는 것이 가장 현명한 방법이 아닐까 생각한다.

침식이 진행 중인 계류

돌바닥막이 대수면의 돌쌓기 적용 여부

 사방공학 교재에서는 사방댐을 돌로 시공할 때 상류부 유량이 접촉되는 대수면에 돌쌓기를 해야 하고, 돌골막이는 대수면에 돌쌓기를 하지 않고 반수면만 하도록 제시하고 있다. 누구도 여기에 대해 시시비비를 가리지 않는다. 사방댐은 토석을 저지하기 위한 역할이므로 대수면을 튼튼하게 해야 한다. 골막이는 작은 계류 종침식 방지를 위한 공작물이며 유송 토사 차단 기능이 없으므로 반수면에만 돌쌓기를 하고 대수면에는 시공하지 않는 것이 옳다. 계류 보전사업에서 대체

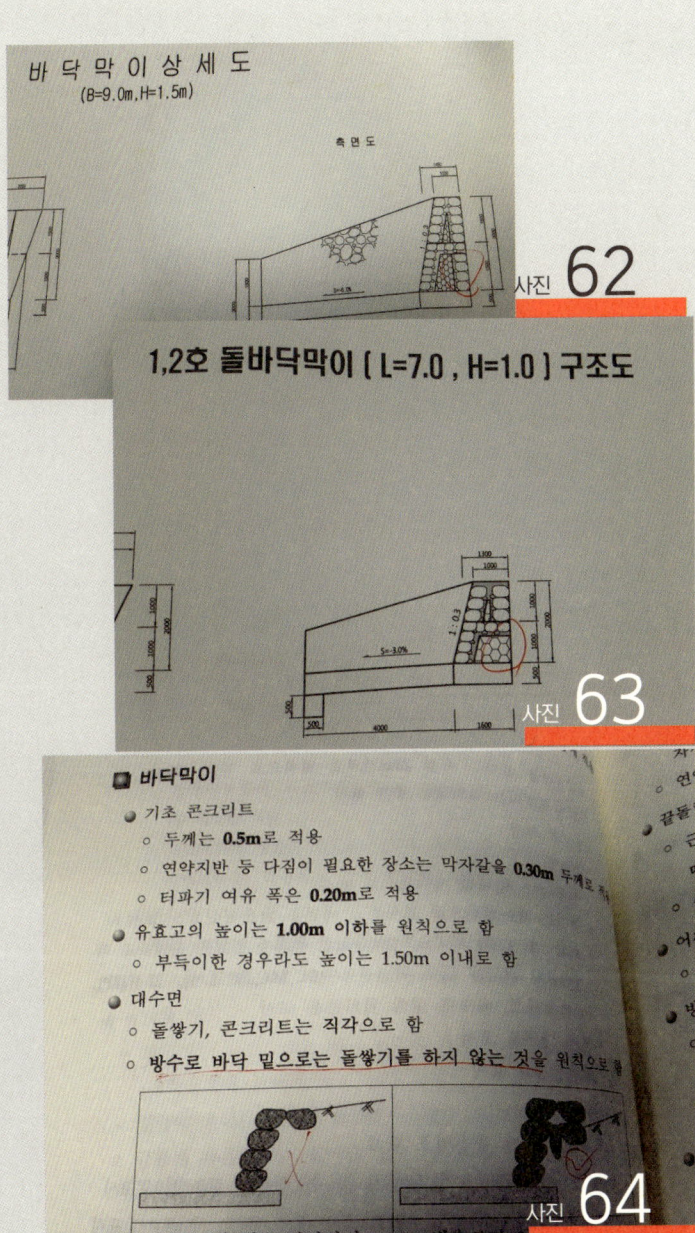

로 상류부에는 골막이구곡막이 하류에는 사방댐, 중간에는 바닥막이를 시공한다.

 돌바닥막이 시공을 할 때 대수면에 돌쌓기를 해야 할 것인가, 말 것인가는 논란의 여지가 있다. 바닥막이를 콘크리트로 시공할 때는 논쟁이 필요 없으나 돌로 시공할 경우 대수면 돌쌓기 여부에 대한 의견이 제각각이다. 명쾌한 답을 주는 교재는 없다.

 몇몇 분들과 의견을 나누어 보았다. 바닥막이는 계류의 종침식방지와 종단물매 완화가 목적이므로 돌골막이와 같이 반수면만 돌쌓기를 해도 된다. 그러나 시공 시 대수면 돌쌓기를 하지 않을 경우 작업이 어렵고 돌쌓기를 해야 튼튼하다고 한다. 돌바닥막이 대수면에 돌쌓기를 해야 한다는 분들도 많지만 나름 경제성 원리에 근거해서 하지 않는 편이 옳다고 하는 분들도 있다.

 굳이 내 생각을 밝히자면 이렇다. 돌바닥막이 대수면 돌쌓기는 계류 형상 등 여건에 따라 대수면 돌쌓기 적용 여부를 결정해야 할 것이다. 집수유역 면적이 작고 평상시 물이 흐르지 않고 강우 시에만 유량이 발생하는 소계류에서의 돌바닥막이는 대수면에는 돌쌓기가 필요 없다. 바닥막이 기능이 골막이와 유사하기 때문이다.

 평상시에도 물이 흐르는 집수면적이 넓은 계류에서는 대

수면에도 돌쌓기를 하는 것이 타당하다. 평상시에는 종단 물매 완화 기능만 하면 대수면 돌쌓기는 과다라고 볼 수 있지만 호우 시에는 흐르는 물의 와류, 난류 발생으로 돌바닥막이를 파괴할 수 있기 때문이다. 이럴 때는 경제성보다 튼튼한 시설물이 중요하다.

사진 65는 사방댐이 부분 파괴된 모습이다. 대수면 돌쌓기를 한 사방댐에서도 파손이 일어나고 있으므로 유량이 많은 계류에서는 대수면 돌쌓기를 하는 것이 건실하다.

사진 65

부슬비가 소곤대고 물이 흘러
고독과 완벽의 부드러운 선율이 흐르는 것 같았다.

토베 얀손 Tove Jansson

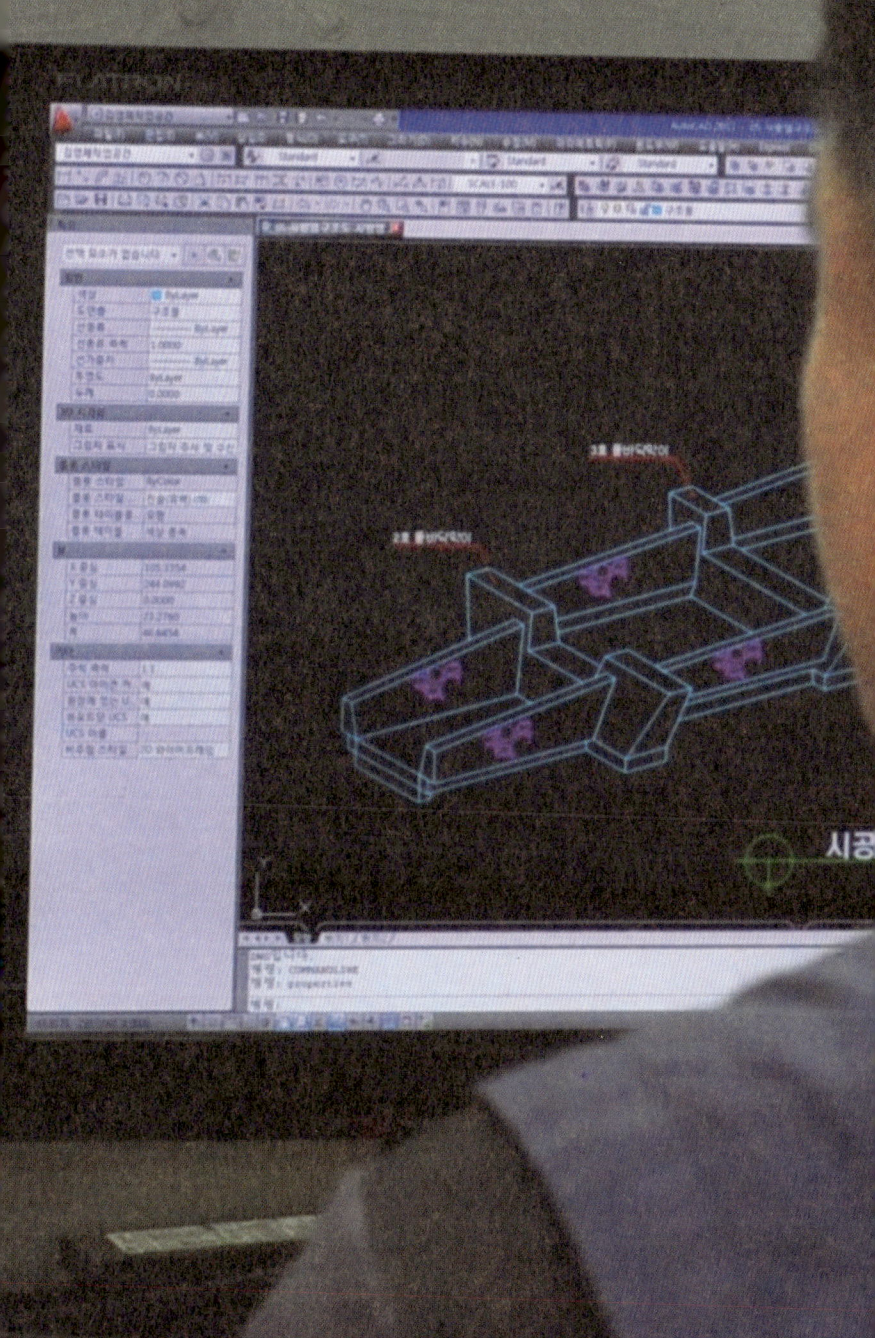

바닥막이 규격 표기

 계간사방에서 물의 흐름 방향과 평행하게 설치하는 기슭막이는 종공작물이다. 물의 흐름 방향과 직각으로 설치하는 횡공작물은 사방댐, 바닥막이, 골막이 등이 있다. 사방댐 규격을 표기할 때는 윗길이 상장 ○○m, 아랫길이 하장 ○○m, 높이 ○m로 표기해야 한다고 언급한 적이 있다. 이때 사방댐 시공 후 땅 속에 근입되는 곳까지 전체 길이를 표기해야 한다. 되메우기 후에는 전체 길이는 육안으로 알 수 없다. 바닥막이 규격 표기도 사방댐처럼 땅 속에 근입하는 길이를 포함

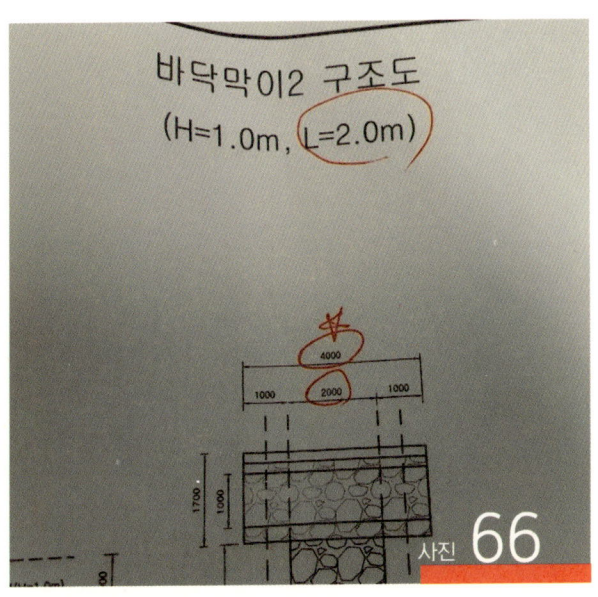

사진 66

해 표기한다.

위 사진 66에서는 바닥막이 규격표기를 H=1.0m, L=2.0m로 했다. 상세 도면에는 근입하는 곳까지 전체 길이는 4.0m이다. 그렇다면 사진 66 바닥막이 규격 표기는 L=4.0m, H=1.0m로 표기하는 것이 옳다. 길이를 먼저 부여하고 높이를 나중에 붙여야 한다.

바닥막이 형태에 관한 고찰

 바닥막이 용어는 상고공 床固工 평상상, 굳을고, 보상공 保床工 지킬보 평상상, 바닥다짐공, 바닥매기로 변했다가 다시 바닥막이라는 용어로 부른다. 계류에 흩어져 있는 계상 인자와 수로 경사를 따라 침식이나 퇴적이 일어난다. 대체로 산지에 속한 계류는 퇴적보다 침식이 일어나는 경우가 많다.

 계류 종침식을 방지하기 위한 구조물이 바닥막이다. 바닥막이 높이만큼 종단물매를 완화하기 때문이다. 얼마 전 계류보전 감리용역을 맡은 사업 대상지가 민원으로 인해 다른 대상지로 변경되었다. 대상지 변경에 따른 설계변경 도면 검토를 하다가 바닥막이가 이상한 형태로 설계되어 있어 사방사업의 근간을 바로잡고자 하는 마음으로 혼자 중얼거리며 글을 쓴다. 필자 역시 1995년부터 임도 설계

사진 67

사진 68

만 하다가 2002년부터 사방사업 설계를 시작하면서 선임 기술자의 지식 기술 전달 없이 무작정 사방기술 교본과 주위에서 들은 얄팍한 지식으로 사방댐 등 사방사업 설계를 한 적이 있었다. 당시 제대로 사방사업의 기초를 배우지 못해 교재에서 언급하지 않은 것들은 자의적으로 설계를 한 적이 있었다.

 예를 들면 바닥막이 형태에 관한 설계이다. 당시 ㅡ자형 바닥막이 형태로 설계하다 보니 사진 67, 68처럼 바닥막이 측벽 대신 기슭막이로 설계하면서 이상한 형태의 바닥막이가 그려졌다. 사진 67, 사진 68과 사진 69를 비교하면 사진 69형태의 바닥막이가 안정감이 있으며 시공도 용

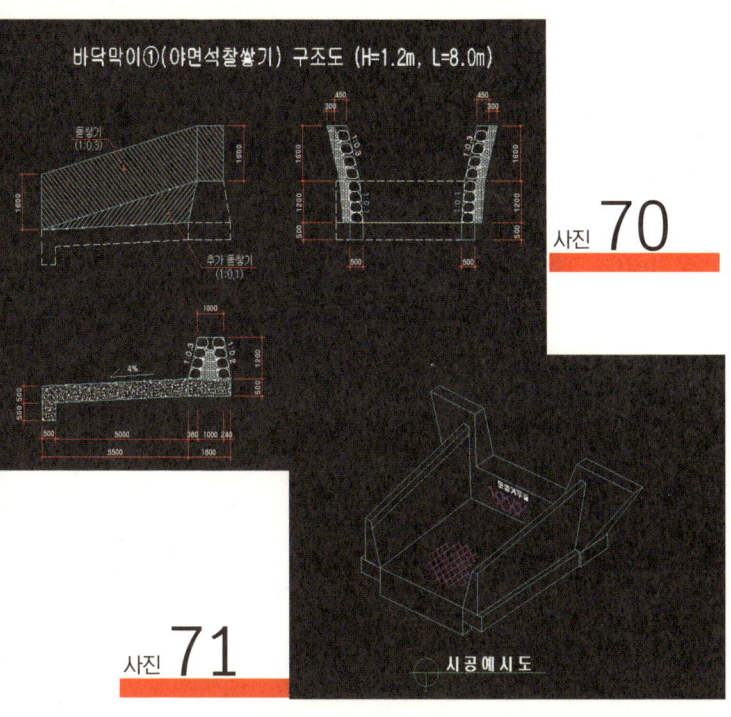

이하고 경관상으로 우수하다. 과거 산림조합경북지회에 다닐 때 만든 부끄러운 바닥막이 형태를 아직도 다른 업체에서 베껴 사용하고 있다. 필자 역시 사진 70처럼 一자형 바닥막이를 설계하다가 현재 진솔산림기술사사무소에서 함께 근무 중인 사방사업전문가로부터 한 수 배운 후 2015년부터 사진 71처럼 방수로형 바닥막이로 설계하고 있다. 형태를 바꾸는데 너무 오랜 세월이 걸렸다. 사방기술 교본에서 언급하고 있지 않은 사소한 것들은 앞선 경험자들의 이야기를 귀담아들을 수 있어야 자신도 고수가 될 수 있으며, 산림공학 발전과 성장에 기여할 수 있다.

계간 공사에서 횡공작물의 간격

또 하나의 안타까운 설계도면을 보았다. 계류보전사업이 한창 진행 중인 현장에 다녀왔다. 집수유역 면적이 6ha 정도의 소규모 계류다. 기존 임도에 매설한 배수관 유출부에서 하부의 다른 관매설 유입구까지 계류를 정비하는 구간이다.

상류부 임도에 매설한 배수관 규격은 직경 600mm이다. 이곳 임도는 기억을 짚어 보니 20년 전 개설한 임도다. 20년 동안 관규격 Φ600mm 크기로 많은 비가 내려도 그 빗물을 감당했다는 이야기이다.

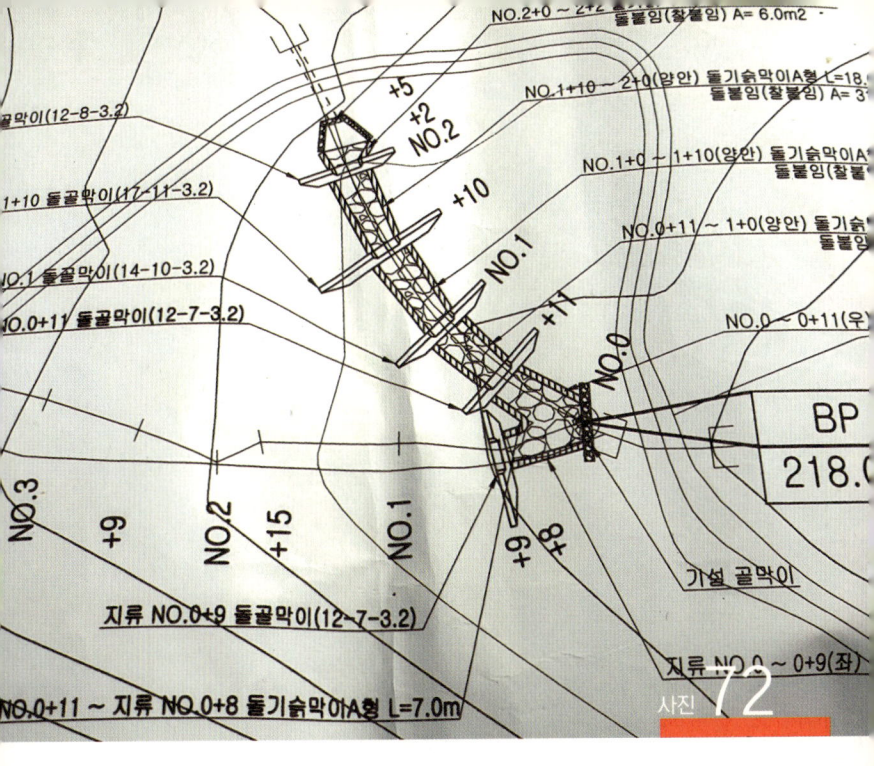

사진 72

 사진 72에서 보듯 상·하부 관매설 계류 길이는 45m다. 계류길이 45m에 횡공작물돌골막이을 약 10m 간격으로 4개소를 계획했다. 종단물매가 급하여 침식이 일어나지 않도록 종단 계획 물매로 설정하고 그에 맞추어 골막이를 4개소를 계획한 것으로 판단한다. 골막이 사이에 계류바닥에 돌붙임 공종까지 반영했으며 사면부 양안에 돌기슭막이까지 반영한 것이다.

 시공 전 계류의 상태가 어느 정도 침식이 일어나고 있었는지 직접 보지 않아 알 수 없지만 지나치게 계획한 것이다. 기존 임도의 유출부 관 규격 Φ600mm에서 흘러나오는 유량에 비해 돌골막이 크기와 계류바닥 돌붙임, 기슭막이까지 반영한 것은 지나치게 치장을 한 것이다. 더구나 골막이 간격이 너무 가깝다.

횡공작물 돌골막이 시공이 막 끝난 현장을 확인해보니 돌골막이와 사이 계류바닥에 굳이 돌붙임 공종을 시공하지 않아도 침식이 일어나지 않을 것으로 보인다. 육안으로 종단 안정물매가 확보된 것으로 판단할 수 있다. 돌골막이의 규격이 집수유역 면적을 감안하면 지나치게 큰 느낌이다. 왜 설계자는 이런 식으로 계획했을까?

사업비를 소화하기 위해 과다하게 설계할 수 있다는 생각도 해 본다. 아니면 계류 침식이 일어나지 않는 안정물매에 집착해 다른 대안을 생각하지 못할 수도 있을 것이다. 만약 내가 설계를 한다면 어떻게 했을까?

사진 73

사진 74

  사진 74처럼 상부 관유출부에서 하부 관유입구까지 계간수로 또는 제형돌수로 형태로 연결한 후 종단물매를 감안해 계간수로의 시작점과 종점부에 약간 낙차를 주기 위해 횡공작물 바닥막이 을 계획하는 것이 더 좋을 것이다.

  사방기술 교본이나 교재에서 계간공사 시 안정 계획물매는 현 계상 시공 전 물매의 1/2~2/3 선에서 종단물매를 계획하도록 언급한다. 아니면 계상 구성인자 돌멩이의 크기와 형상에 따른 임계 유속 침식이 일어나지 않는 최대 유속 을 공식으로 산출해 안정물매로 계획하도록 한다. 즉 안정 종단물매가 되도록 바닥막이 높이를 계획하라는 뜻이다. 그러나 횡공작물 바닥막이의 간격에 대해 명확히 언급하지 않는다.

계간공사에서 횡공작물은 간격이 지나치게 가까우면 공사비가 높아지고 미관상 좋지 않다. 계간의 종단물매가 급하여 횡공작물 바닥막이 간격을 어쩔 수 없이 가까이할 경우 계간수로, 또는 계간바닥에 돌붙임 등으로 보완해 종단물매를 급하게 계획하는 것이 더 효율적이다.

교재에서 언급하지 않는 바닥막이 간격을 얼마로 할 것인가? 고민할 필요가 있다. 경험으로는 횡공작물의 간격은 대략 20m 이상 되어야 경관상 거부감이 없어 보인다. 거기에 높이를 고려한 바닥막이 간격까지 검토해야 한다.

초보 기술자의 위험한 설계

 계류보전사업 대상지에 설계 심사를 하러 갔을 때 일이다. 공장 및 가옥 뒤편에 있는 작은 소계류다. 계류보전사업 대상지라기보다 산지사방사업 대상지에 가까웠다.
 집수 유역은 겨우 2ha 남짓했고 토양은 모래질 흔히 마사토라 부르는 지역이다. 종단 계획 시점으로부터 80m 구간은 종단물매를 5%로 계획했다. 마사토 지역은 경험상 종단물매가 2~3% 정도가 적당하지만 현장 설계도서는 전 구간 계류 바닥에 돌붙임을, 기슭 보호를 위해 높이 1.0m 돌기슭막이를 계획했다.

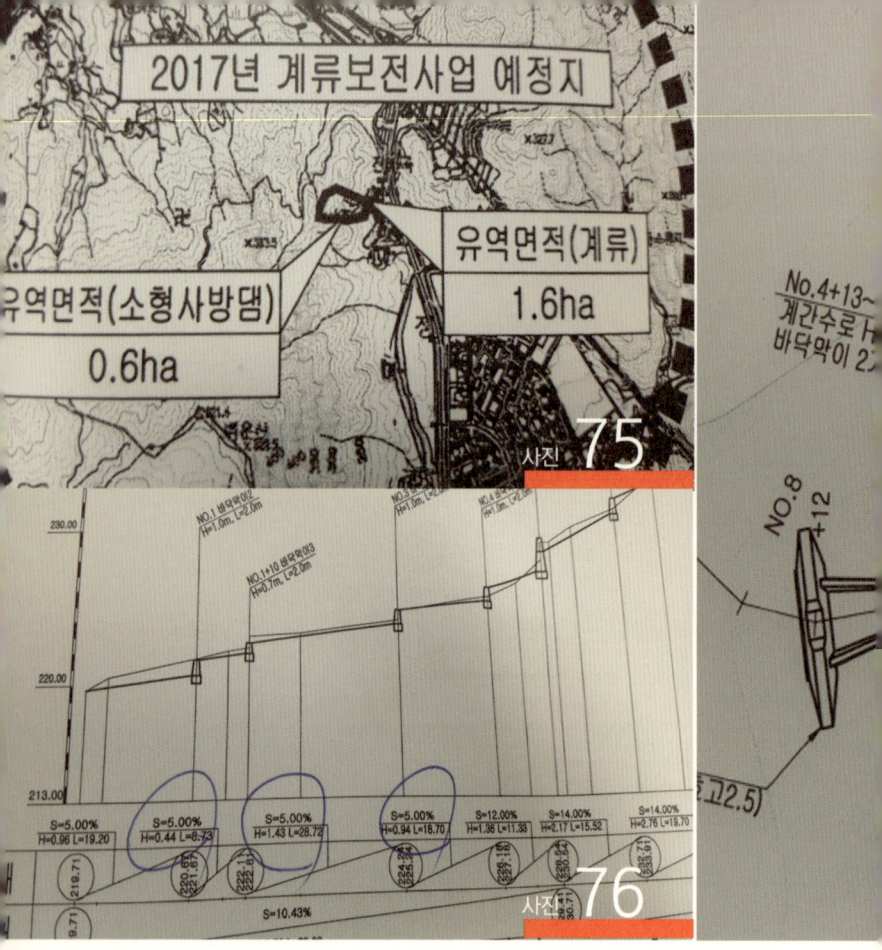

보통 임도 설계할 때 집수 유역 2ha이면 관 규격 800mm면 충분한데 지나치게 유량 통과 단면을 크게 계획했다.

마사토 지역이고 가옥 안전을 위해 전 구간 돌기슭막이와 돌붙임 공종을 반영하기에 너무 지나친 계획이다. 아무리 세금으로 사업을 한다지만 땅속에 돈을 그냥 묻어 버리는 꼴이다. 요즘 계류보전사업 대상지는 산지 상류부로 옮겨가고 생활권으로부터 멀리 떨어진 곳에 시행하는 편이다. 예전 같으면 이곳은 산지 사방 사업 대상지로 골막이

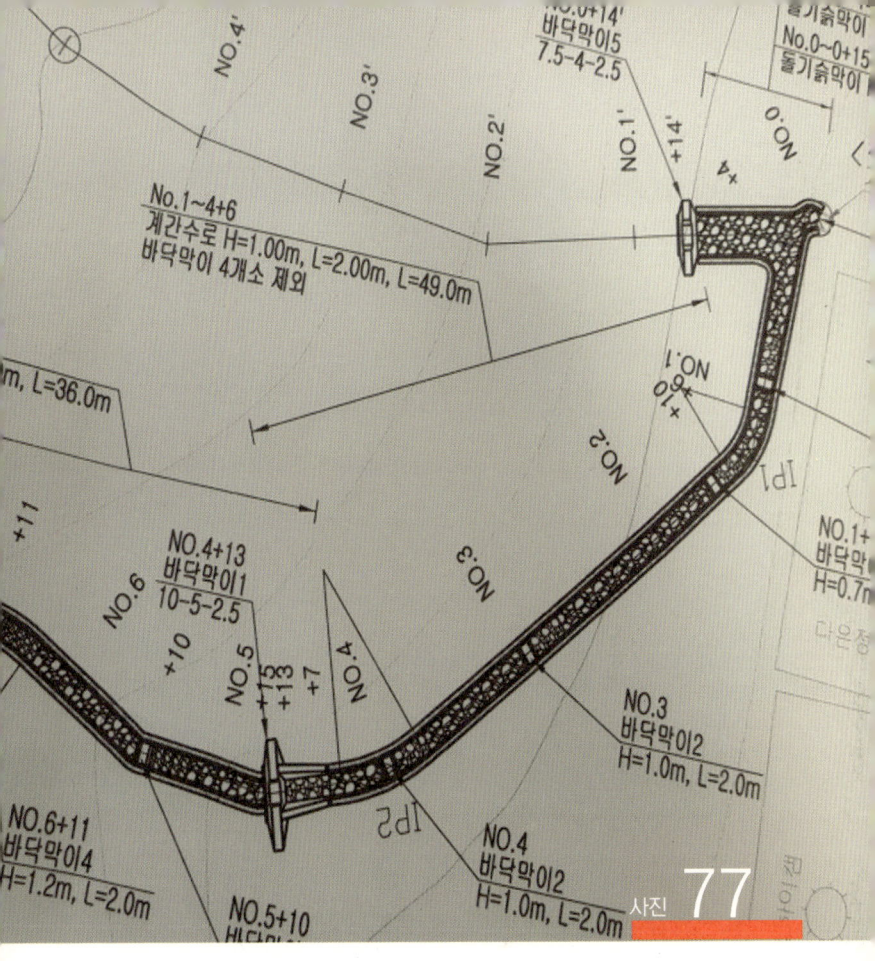

사진 77

등의 횡공작물 위주로 시행했을 것이다.

초보 기술자가 계류보전사업 단비를 맞추기 위해 설계한 것으로 보인다. 산림공학 발전을 위해서는 혼자만의 생각에서 벗어나 경험자들의 의견에 귀 기울이고 상대방의 관점과 생각에 귀 기울여야 한다.

수제에 대해

 수제는 계간 사방에 나오는 종공작물의 하나이다. 20년 이상 업무를 해왔지만 수제공을 설계한 적도, 직접 본 적도 없다. 수제는 계류에 설치하는 공작물이지만 소계류에 설치하기 힘들다. 대략 5m 이상 계폭이 있어야 설치가 가능한 공작물이 아닌가 생각한다.

 사방공학 책에서는 계안으로부터 유심을 향해 적당한 길이와 방향으로 돌출한 공작물이라고 정의하고 있다. 또한 수제는 물의 방향을 바꾸어 침식 또는 퇴적을 유도한다. 사실 수

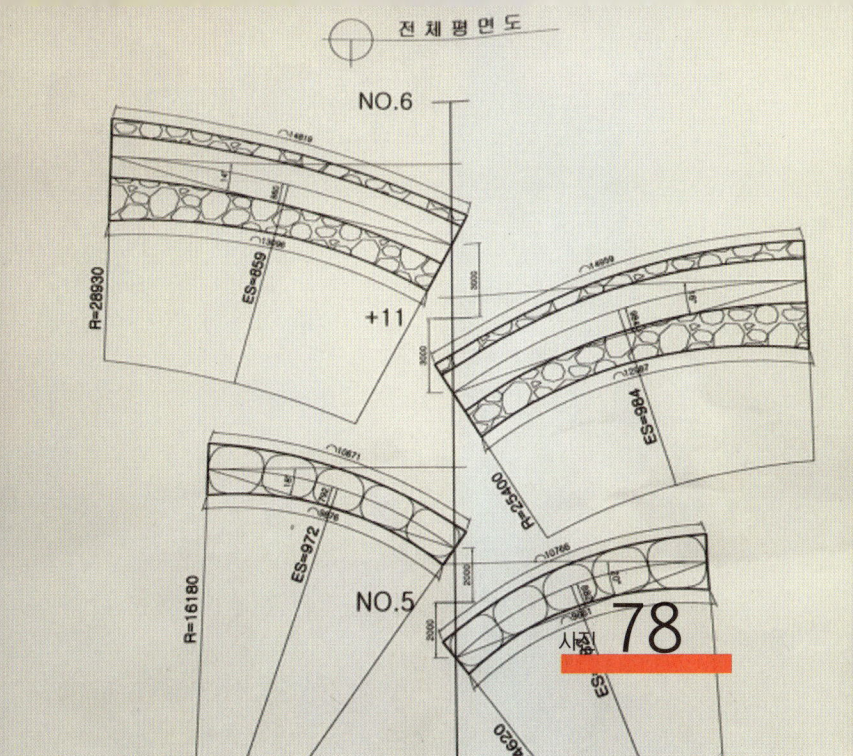

제공을 본 적이 없어 이론적인 내용 정도만 알고 있을 뿐이다.

 지난 1월 12일 울산 온양 대운산에 설치 예정인 사방댐을 수제 형태로 계획한 도면을 본 후 드는 생각이다. 대운산은 울산 12경으로서 탐방객이 많이 찾아오는 곳이다. 사방댐 예정지 바로 옆에 등산로가 있다. 사방댐 설치에 대한 찬성 및 반대 의견 등 민원 발생이 많은 곳이다. 반대 의견에 대비해 경관적 요소를 고려한 수제형 사방댐으로 계획했다고 한다.

 사방댐은 홍수 시 일시적으로 내려오는 토석류와 유목 등을 차단해 하류에 피해를 방지하는 게 주목적이다.

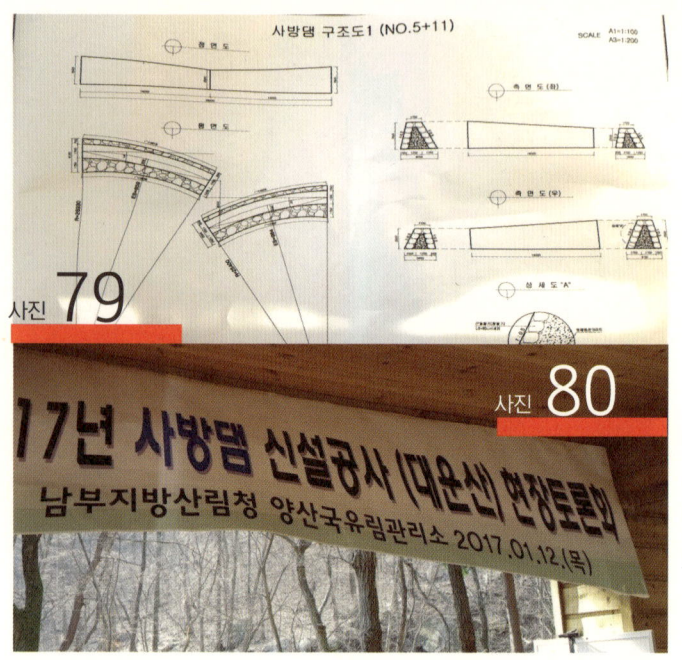

사진 79
사진 80

  수제형은 경관적 측면에서 뛰어날 수는 있으나 사방댐 기능면에서는 효과적이지 않다. 비록 반대 의견을 고려해 수제형 사방댐을 계획한 발상은 좋으나 사방댐 본래의 목적을 외면한 점은 문제가 있다.

  2010년 우면산 산사태로 인해 국민이 사방댐에 대해 부정적인 시각보다 긍정적인 시각으로 많이 바뀌어 가고 있는 시점임을 감안해 주민들에게 사방댐의 효과와 긍정적 측면들을 홍보하고 설득해 사방댐의 주목적을 이루어갈 수 있도록 해야 한다.

 현장 토론회에서 높이가 낮은 저군식 사방댐을 여러개 설치하는 것으로 결론이 내려져 다행이다.

선떼붙이기의 올바른 이해 ①

혼히 사용하는 7급줄떼라는 명칭에 대해서 생각해보자. 필자 역시 과거에 사방공학을 제대로 알지 못하고 일해 왔기에 부끄러움이 앞선다. 우리나라 사방사업은 일제강점기 때 일본으로 전수받은 것으로 6.25 전쟁 후 민둥산이 된 산지를 조기에 녹화시키는 데 성공했다.

산지사방에서 대표적인 공종인 선떼붙이기는 일본에서 적묘공積苗工쌓을 적, 모 묘 이라고 한다. 우리나라에서는 초기에 입지공立止工이라고 부르다가 현재는 선떼붙이기라는 우리말로

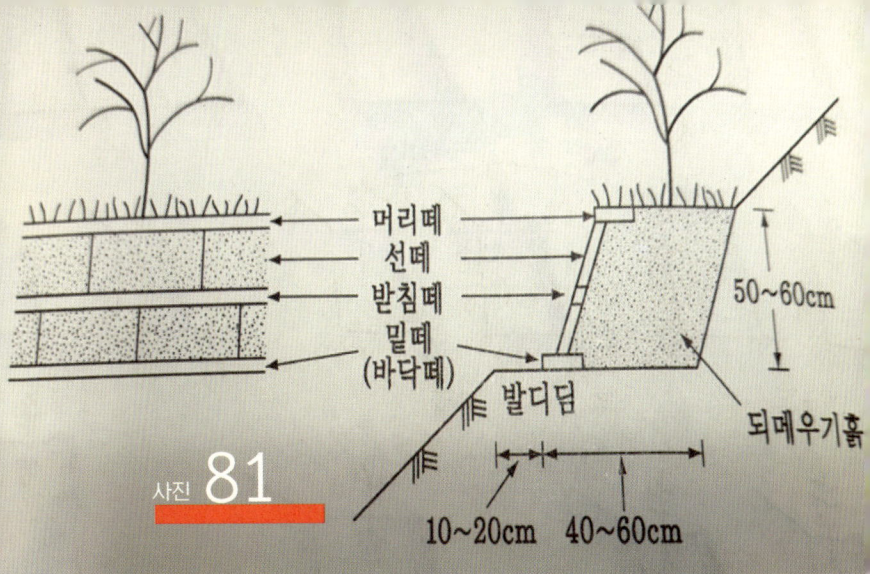

사진 81

고쳐 사용한다.

 선떼붙이기 공종의 주목적은 묘목 식재 시 생육공간을 만들어 주는 것이다. 입지, 즉 떼를 세워 붙인다고 하여 선떼라고 하는 것이다. 선떼붙이기는 어린 묘목의 식재 공간 조성을 위한 기반 시설물이라고 할 수 있다.

 선떼붙이기 공종은 1급에서 9급까지로 분류한다. 1급은 고급이며 9급이 저급이다. 1급 선떼붙이기는 사용하는 떼 매수가 가장 많으며 비탈 경사가 급한 곳에 시공한다. 반대로 9급 선떼붙이기는 비탈 경사각이 가장 완만한 곳에 시공하며, 소요되는 떼 매수를 가장 적게 사용한다. 현장에서는 주로 7급 선떼붙이기로 많이 시공한다.

 필자는 2000년대 이전까지는 임도 사업에만 설계용역을 수행하다가 2000년대 이후 사방사업 설계용역을 시작하면서 사방공학에 대한 정확한 개념 정립 없이 베끼기 위주로 일하

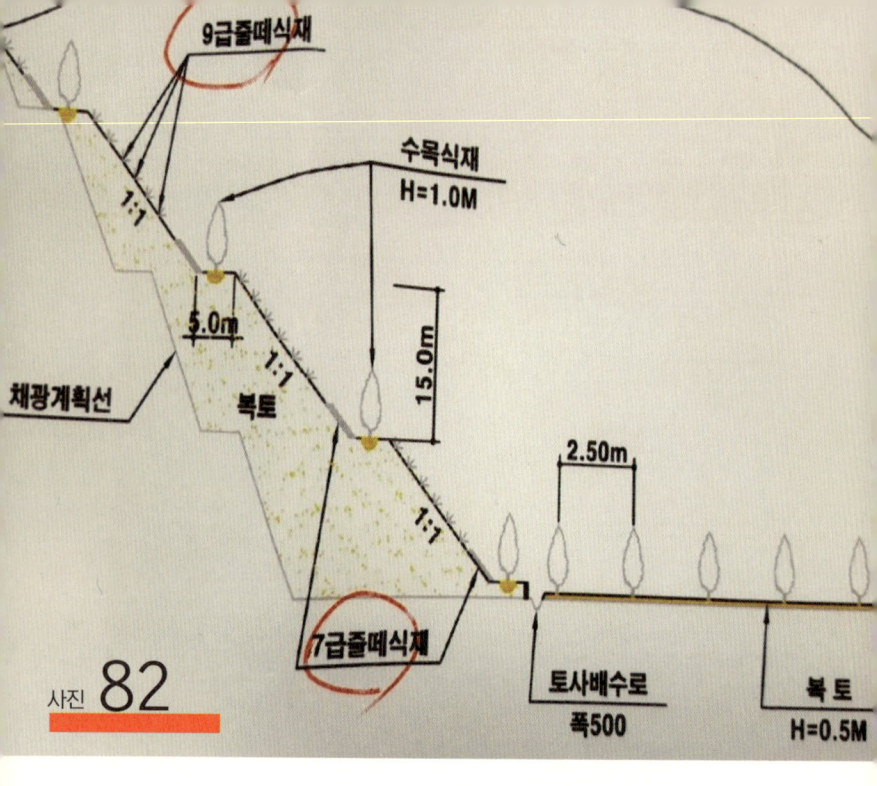

사진 82

다 보니 당시 7급줄떼공을 7급줄떼라는 명칭으로 잘못 표기해 사용한 적도 있다. 우후죽순처럼 생겨난 산림분야 설계업체에서 무작정 모방해 7급줄떼라는 명칭을 통용하는 실정이다. 이에 대한 필자의 책임이 크다. 산림공학의 올바른 정립을 위해 나 자신부터 연구하는 자세를 가져야 한다.

작금 일반 건설 분야 용역회사에서 7급줄떼와 9급줄떼 기본개념을 무시하고 줄떼심기 공종으로 분류해 산지복구도면 작성한 것을 보면서 사방공학의 근본이 흔들린다는 심각성을 느낀다.

선떼붙이기의 올바른 이해 ②

9급은 1매, 8급은 1.5매, 7급은 2매, 6급 2.5매, 5급은 3매, 4급 3.5매, 3급 4매, 2급 4.5매, 1급은 5매를 사용 사진83 한다.

지금까지 현장에서 1~4급 선떼붙이기를 본 적이 없다. 현장에서는 7급 선떼붙이기를 가장 많이 시공하고 있다. 5급과 6급도 가끔 보았다. 선떼의 비탈 기울기는 얼마인가에 대해 의문을 가진다.

우보명 저자 개정사방공학 1997년 책에는 1: 0.5 ~ 0.7 사진84

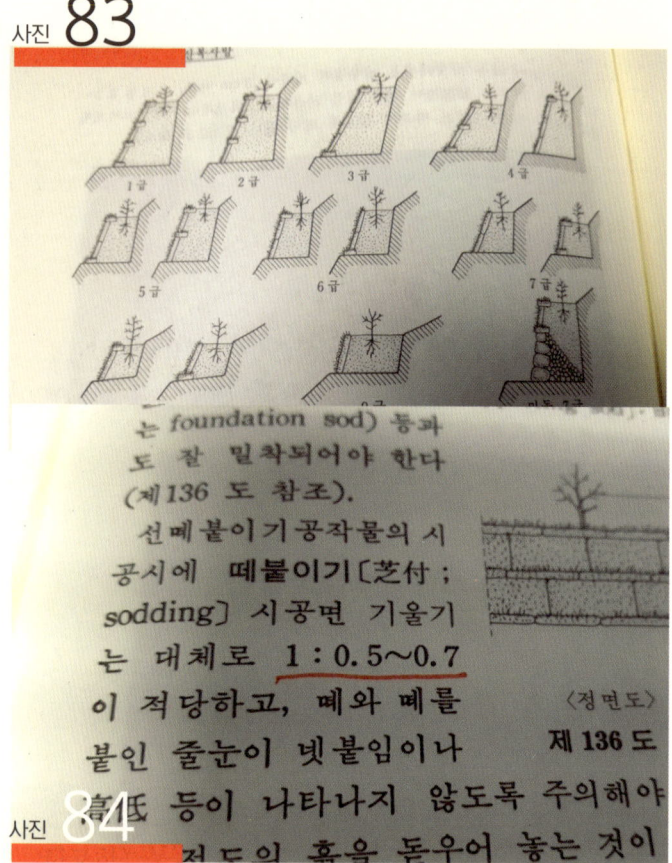

사진 83

사진 84

전근우 저자 신고사방공학 2011년 책에서는 1: 0.2 ~ 0.3 사진 85

산림청고시 사방사업의 설계·시공 기준에는 1: 0.2 ~ 0.3으로 표기하고 있다.

떼는 강성이 아니다. 단지 흙이 부착된 뿌리 발달이 좋은 일종의 풀이다. 비탈면 기울기가 1: 0.3은 보통 돌쌓기에 많이 적용하는 기울기다. 돌처럼 강성체가 아닌 풀의 일종인 떼를 1:0.3 기울기로 시공하기는 것은 어려운 일이다.

그림 6-52 선떼붙이기의 급별 시공기준

③ 시공요령
1) 등고선 방향으로 수직높이 1~2m마다 단끊기를 하고, 표토를 재활용하기 위해 상부에서 하부를 향해 한 계단씩 차례로 실시한다. 계단폭은 50~70cm, 발디딤 폭은 10~20cm, 천단폭(마루폭)은 40cm를 기준으로 하며, 떼붙이기의 기울기는 1:0.2~0.3으로 한다.
2) 부토가 깊은 곳은 돌흙막이를 시공한 후에 밑돌선떼붙이기를 시공한다.
3) 급경사지에 시공한 선떼의 밑부분 붕괴방지 및 활착유지, 작업로로서의 활

사진 85

    실제 현장에서 7급 선떼붙이기의 시공 사진 86 을 보면 기울기 1:0.5~1.0 정도다. 선떼붙이기 작업 시 비탈 기울기를 1:0.3으로 시공을 하더라도 되메우기 흙인 매토가 침하로 인해 기울기가 완만해지기 마련이다. 따라서 우보명 저자 사방공학 책에 제시한 선떼붙이기의 시공 기울기 1:0.5~0.7로 하는 게 타당하다고 보며 산림청 사방사업의 설계·시공 세부기준을 개정해야 할 것이다.

사진 86

돌의 무게

 사방사업 분야에서 가장 많이 사용하는 공종은 돌쌓기와 떼붙이기다. 돌쌓기 공종에서 돌의 크기에 따라 돌 무게를 건설 표준품셈에서 제시하고 있으나 대체로 크기가 큰돌 야면석의 무게는 제시하지 않고 있어 큰돌을 운반할 때 품 적용에 어려움이 컸다.

 사방품셈에서도 큰돌에 대해 정의하고 있지만 돌의 중량은 제시하지 않는다. 건설 표준품셈에서 뒷길이 55cm 야면석까지만 중량을 제시하고 뒷길이 60cm 이상은 중량을

사진 87

(7) 깬돌(割石): 견치돌과 같이 재두방추형(裁頭方錐形)으로서 견치돌보다 치수가 불규칙하고 일반적으로 뒷면(後面)이 없는 돌로서 접촉면의 폭(合端)과 길이는 각각 전면의 일변 평균길이의 약 1/20과 1/3이 되는 돌.
(8) 깬잡석(割雜石): 모암에서 1차 폭파한 원석을 깬 돌로서, 깬돌(割石)보다도 형상이 고르지 못하며, 전면 변의 평균길이는 뒷길이의 약 2/3되는 돌.
(9) 사석(捨石): 막 깬돌 중에서 유수에 견딜 수 있는 중량을 가진 돌.
(10) 잡석(雜石): 크기가 지름 10~30cm 정도의 것으로 크고 작은 알로 고루고루 섞여져 있으며 형상이 고르지 못한 돌.
(11) 큰돌: 뒷길이 60cm이상 되는 공사용으로 사용될 수 있는 석괴로서 가공하지 않은 천연석이나 발파석으로 지름직경이 40~100cm 이하를 말한다.
(12) 야면석(野面石): 표면을 가공하지 않은 천연석으로서 운반이 가능하고 공사용으로 사용될 수 있는 비교적 큰 석괴.
(13) 호박돌(玉石): 호박형의 천연석으로서 가공하지 않은 지름 18cm 이상크기의 돌.
(14) 조약돌(栗石): 가공하지 않은 천연석으로서 10~20cm 정도의 계란형의 돌.
(15) 부순돌(碎石): 잡석을 지름 0.5~10cm 정도의 자갈크기로 작게 깬 돌.

사방 표준품셈

사진 88

뒷길이	단위	종별 깬돌 및 깬잡석	야면석
35cm (25×25)	개	17	23
	kg	340	575
45cm (30×30)	개	12	16
	kg	480	880
55cm (35×35)	개	9	11
	kg	504	1,100
60cm (40×40)	개	6	
	kg	540	
75cm (50×50)	개	4	
	kg	560	

건설 표준품셈

제시하지 않는다. 사방 표준품셈에서도 중량 제시가 없다. 보통 사방댐에 사용하는 뒷길이 60cm 이상의 큰돌은 대략 체적을 산정한 후 화강암 단위 중량을 적용해 큰돌 무게를 구하고 있다. 현장에서 측정하지 않는 이상 이 방법이 최선이 아닐까 싶다.

 큰돌은 건설 표준품셈에서 정의하지 않고 있다. 사방 표준품셈에서만 정의하고 있다. 사방 표준품셈에서 큰돌의 중량을 제시했으면 좋겠다. 사방사업에서 많이 사용하는 공종만큼은 건설 품셈과 차별화해 산림공학 나름의 이론적인 공식을 재정립할 필요가 있다.

견취도

 6.25 전쟁 후 우리나라는 온통 헐벗은 산지투성이였다. 헐벗은 산에 비가 오면 금방 흙탕물이 내려와 침식도 많이 일어난다. 비가 내리면 일부만 땅속으로 흡수되고 나머지는 금방 흘러내린다. 나무가 있는 우거진 숲이 빗물을 더 많이 오래 머물게 해 가뭄의 영향을 덜 받는다.

 상상해보라. 산에 나무가 없다면 빗물 저장 기능도 없고 인간이 필요로 하는 산소도 내뿜지 않는다. 새들도 다람쥐들도 멧돼지도 살지 못한다. 숲은 동물 뿐만 아니라 인간이 살아

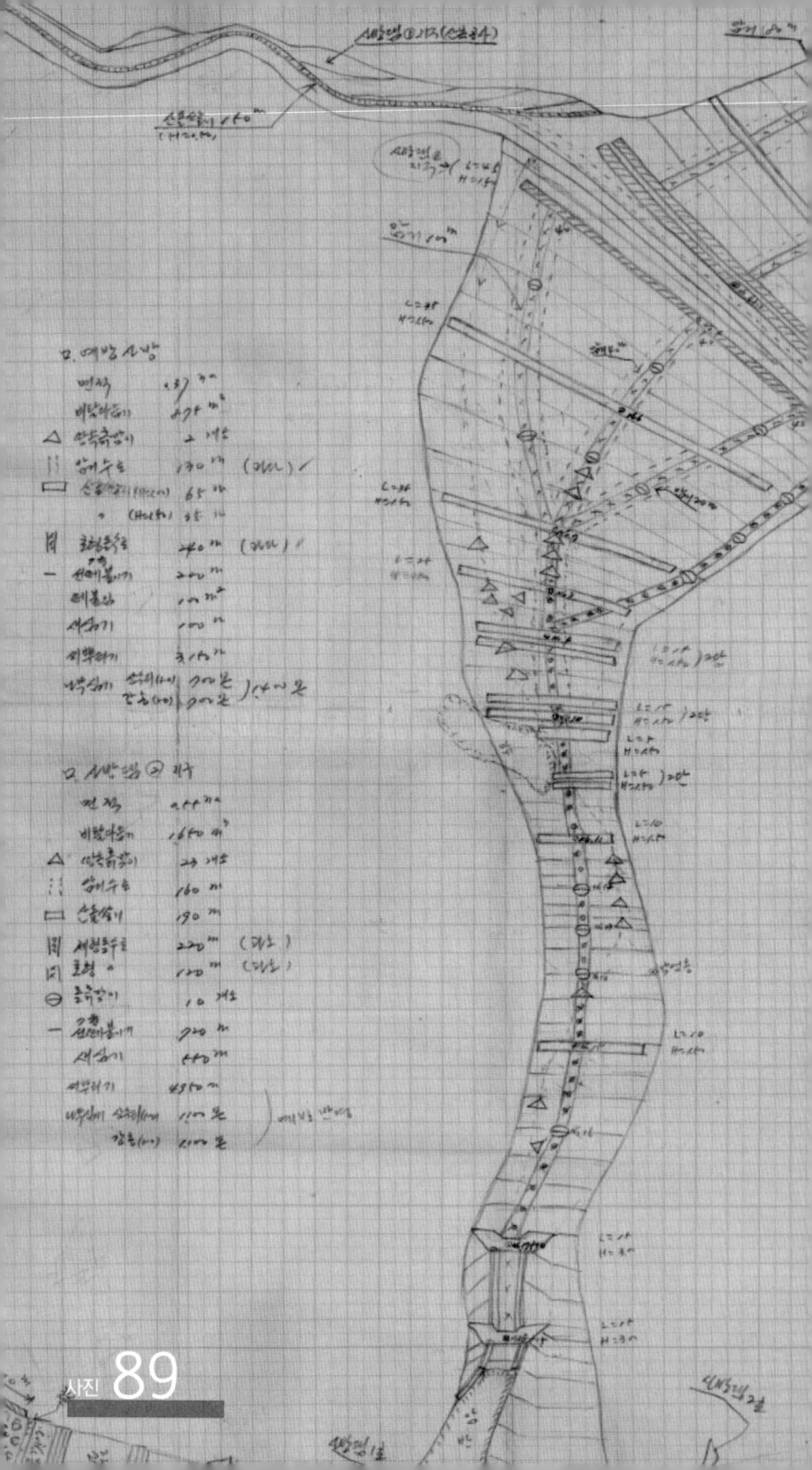

가는 데 꼭 필요한 것이다. 헐벗은 산지를 울창한 숲으로 만들기위해 무작정 나무만 심으면 되는 게 아니다. 우선 어린 나무가 잘 자랄 수 있는 여건을 조성해야 한다. 나무가 잘 자라게 하려면 산에서 토사 침식이 일어나지 않도록 산각을 고정하고 빗물을 저장해 묘목이 성장할 수 있어야 한다. 이렇게 묘목이 성장할 수 있는 여건을 갖추도록 하는 것이 산지사방사업이다.

현재는 산지사방사업 대상지가 거의 없다. 다만 산사태가 일어나는 경우 산사태 복구사업을 하기는 한다. 북한의 산은 거의 산지사방사업 대상지일 것이다. 70년대 산지사방사업 설계도면을 작성하는데 당시에는 첨단장비가 없어서 산지사방 설계도면을 견취도, 즉 눈으로 보고 그린 도면으로 각 공종별 물량을 산출했다.

지금 산림공학 분야 설계를 하는 나로서는 산지사방사업 설계 경험이 부족하다. 함께 근무하는 손인수 씨는 사방사업 분야에 30년 이상 근무했고 계간 사방분야와 산지사방분야의 많은 노하우를 갖고 있다. 손수 그린 견취도는 한마디로 예술작품이다. 현장에서 손으로 스케치한 견취도는 CAD로 작성한 도면 못지않게 수량 오차도 크지 않고 한 눈에 알아보기도 쉽다. 산지사방사업 설계 실력은 경험에서 나오는 노하우가 있어야 한다.

떼수로 형상에 대해

 산지 사면이 유수를 모으는 수로 중 유량이 적고 산지 경사가 완만할 경우 떼붙임 수로 시공을 하고 반대로 경사가 급하고 유량이 많으면 돌붙임 수로를 시공한다.
 산림유역관리사업 설계심사 차 현장을 방문한 적이 있다. 설계용역은 산림조합중앙회 산림종합기술본부에서 수행한 용역이다. 필자 역시 11년 4개월간 산림조합중앙회 경북지회에서 산림공학분야 설계를 주로 해왔다. 물론 지금도 그 업무를 하고 있다. 2000년 이전에는 모든 산림사업의

[사진 Ⅱ-2-6] 산복돌수로(좌), 떼수로(우)

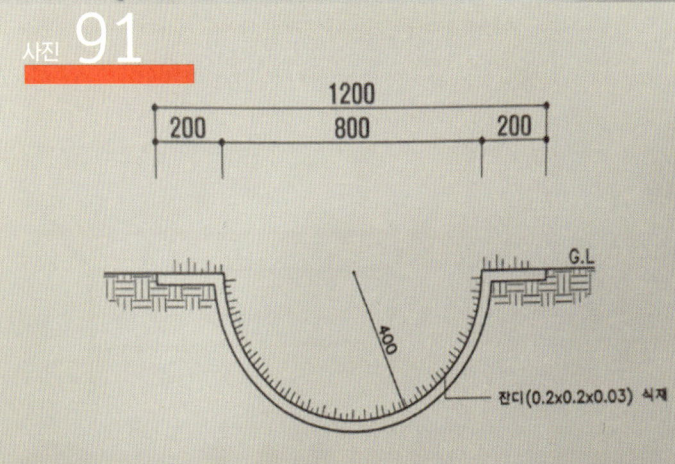

호형떼수로

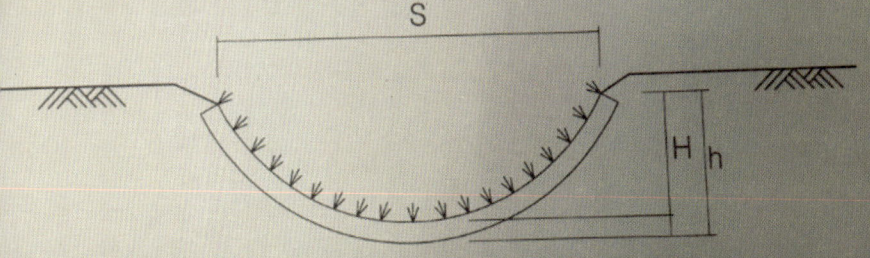

설계는 산림조합중앙회에서 했다고 봐도 좋다. 당시 산림사업 규모가 얼마 되지 않았기 때문이다. 현재는 필자처럼 산림조합 계통에서 근무하다가 산림분야 용역업체를 운영하는 업체가 전국적으로 상당히 늘어났다. 400여 업체 이상 될 것이다.

대한민국 산림공학의 설계 핵심기관은 산림조합중앙회 산림종합기술본부라고 해도 된다. 산림조합 근로자들도 야근과 현장 출장이 많은 업무 특성상 가장 기피하는 부서가 산림종합기술본부다. 산림종합기술본부에서 설계 경험이 많은 숙련자들은 다른 부서로 이동하거나 직장을 옮기는 경우가 빈번하다. 얼마 전 설계도면을 검토하다가 떼수로 상세도면을 보는 순간 약간 실망감을 느꼈다. 15년 전에 사용하던 방법 그대로였기 때문이다.

떼수로는 사진 90에서 보듯 반원 형상으로 시공하기 힘들다. 대개 현장에서 호형상으로 시공한다. 과거 산림조합에 근무할 때 떼수로 상세도를 현실에 맞게 수정하자고 산림종합기술본부에 제의한 적이 있었다. 그때 도면을 아직도 사용하고 있으니 놀라움과 안타까움이 앞선다. 나만의 착각일 수도 있지만 대한민국 산림공학 사방 설계의 선구자라고 하기에는 부족한 모습이다.

떼수로의 형상은 반원이 아닌 호형으로, 단면적과 윤주계

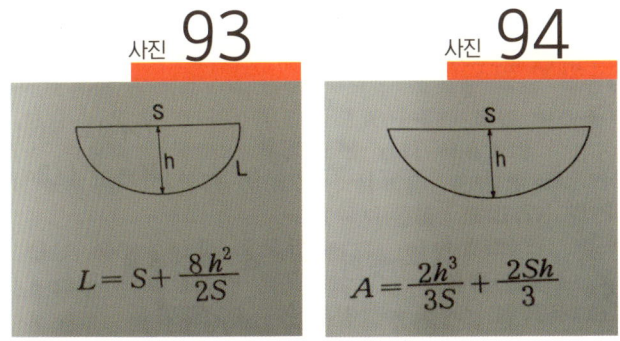

산식은 사진 93과 사진 94식으로 계산한다. 돌수로 형상도 마찬가지이다. 산림종합기술본부의 산림공학 설계 선구자적 역할을 다시 기대해 본다.

산마루 측구의 크기

 산지에 설치하는 임도에서 일반적으로 배수관 규격 결정은 합리식으로 수리 계산을 한다. 합리식은 집수유역 면적이 $1.0km^2$=100ha 이하에 사용하고 $4.0km^2$ (400ha) 이상일 때는 합리식 사용을 권장하지 않는다.

 합리식은 Q=CIA Q=홍수 유출량, C=유출계수, I =시우량, A=집수유역 면적이다. 산지에서 위 공식에 포함되지 않은 변수가 하나 더 있다는 것을 유의해야 한다. 나뭇가지 낙엽 그리고 토석이 떠내려오는 것을 고려해야 한다.

사진 95

사진 96

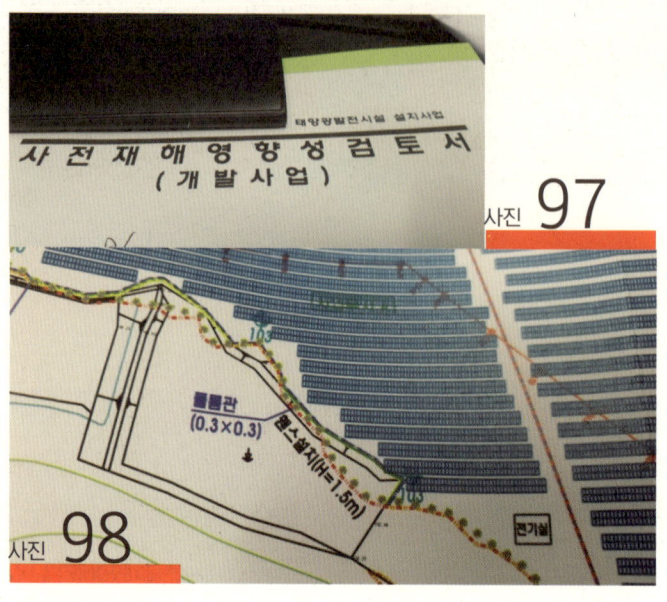

사진 97

사진 98

경험상 산지 집수유역 면적이 5ha 내외에서는 나뭇가지나 낙엽, 토석이 떠내려 오지 않고 순전히 맑은 물이 흘러 내려올 경우는 배수관 크기를 Φ450mm로 매설해도 무난하다. 하지만 산지에서는 홍수 시 나뭇가지와 낙엽들이 떠내려오기 마련이다. 따라서 임도 배수관 크기를 최소한 Φ1000mm 여건에 따라 Φ800mm 이상으로 규정하고 있다.

산지 태양광설치에 따른 사전재해 영향성 검토서를 작성하다 보니 산마루 측구 크기가 Φ300mm로 계획되어 있다. 집수 유역면적이 소규모이다 보니 Φ300mm로 계획해도 되지만 나뭇잎들이 떠 내려와 배수로에 쌓이다 보면 수로관 역할을 못하는 경우가 있다. 장기적인 안목으로 내다보고 유지관리 측면에서 용이하도록 배수로 크기를 최소한 Φ500mm 이상으로 계획해야 한다.

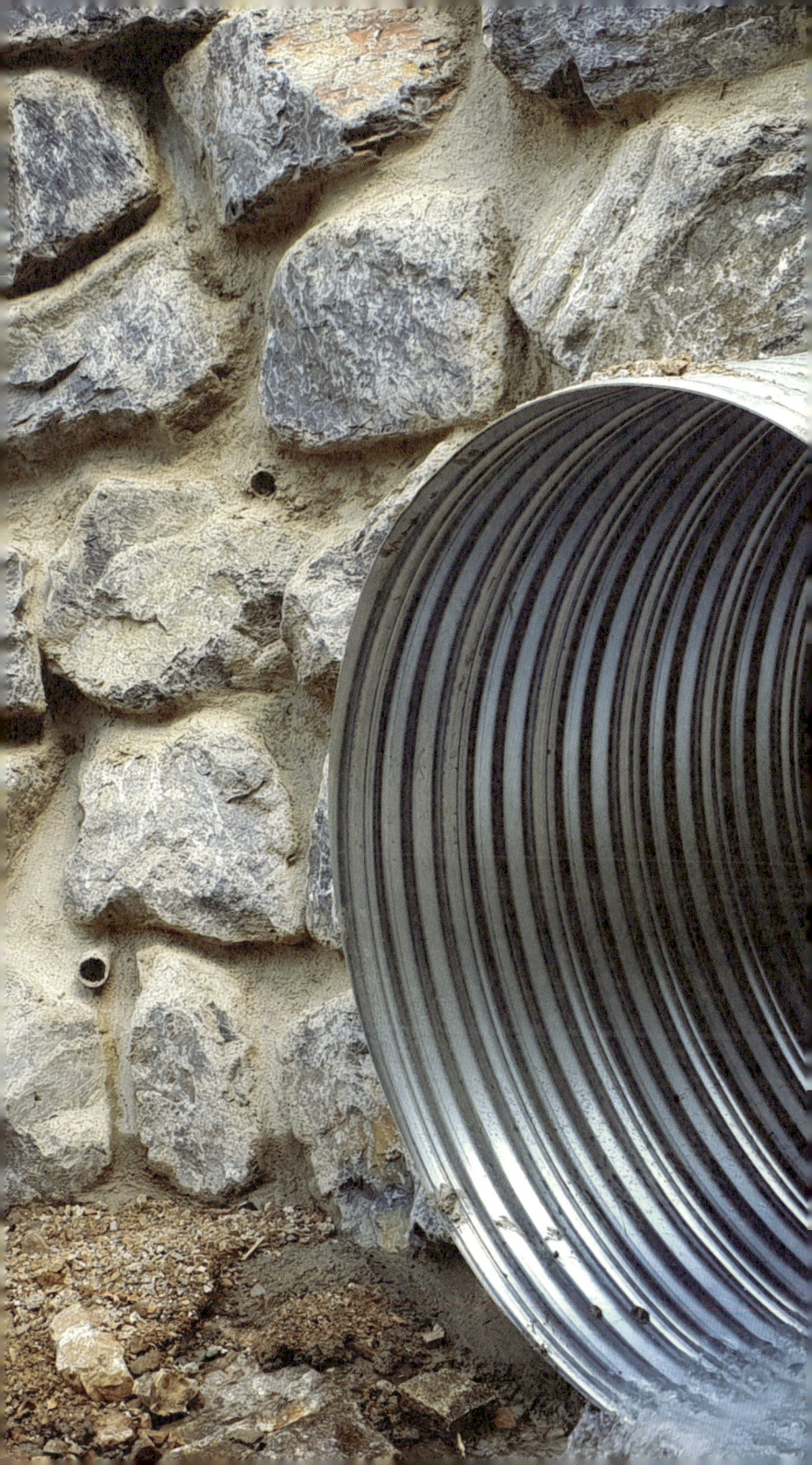

비탈사면의 안정각 확보를 위한 보강방법

 산지 사면에 도로를 개설하거나 평지로 만드는 경우 절취 비탈사면과 성토 비탈사면이 생긴다. 비탈사면의 각도가 토사 안정각, 35도 내외를 유지하지 않으면 비탈사면이 서서히 무너지기 마련이다. 비탈사면이 지나치게 길어질 경우 비탈면 하단부 구조인 옹벽, 석축 등을 보강해 사면 길이를 짧게 할 수 있다.

 사진 99에서 보듯 ①번 우측 연두색 부분은 절취 사면 안정을 위해 높이 1.2m 정도 석축으로 보강했다. ②번 좌측 주황

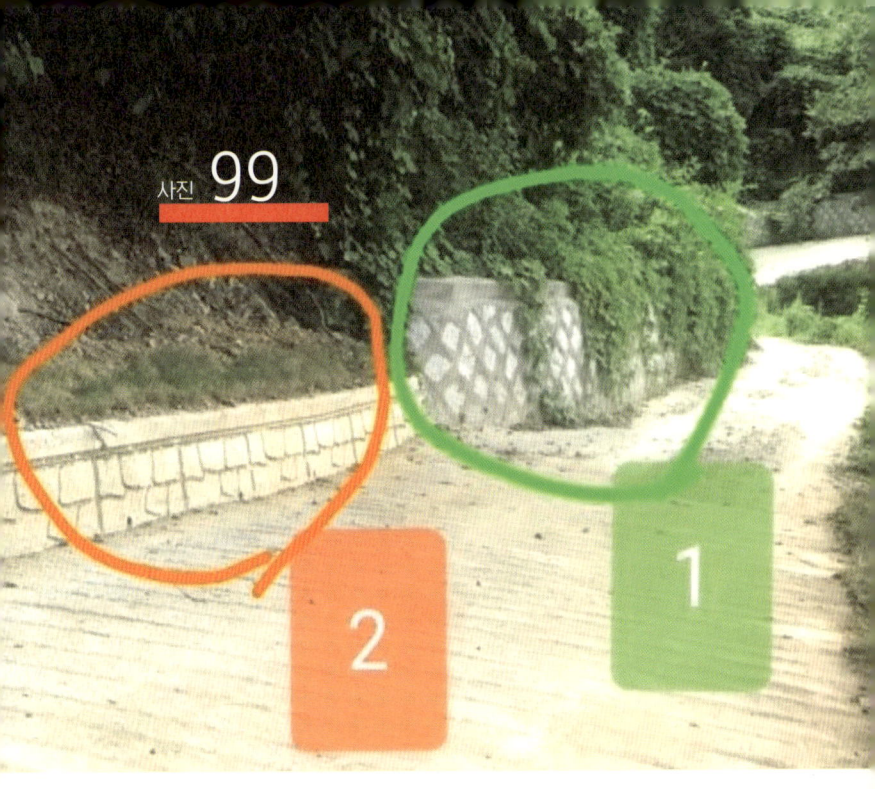

색 부분은 콘크리트 높이를 0.5m 보강한 후 선떼붙이기 (H=0.4m)로 추가했다. ①번은 구조물 석축 을 높게 해 비탈사면에 토사 노출면이 전혀 보이지 않도록 안정화시킨 반면에 ②번 경우는 일부 토사 비탈면을 노출시켰다. 확실히 ①번이 사면 안정화 효과가 높다. 하지만 ②번에 비해 공사비가 많이 추가된다.

 현장 여건에 따라 적용할 공종과 규격을 달리할 수 있지만 경제적인 측면도 고려해야 할 것이다. ①번은 일반 토목업자가 시공했고 ②번은 산림 토목업자가 시공한 것이다. 어떤 방법이 더 효율적일까? 한 번쯤 고민한 후 현장에서 적용할 수 있기를 바란다.

소단 小段

 경부 고속도로 북대구 나들목으로 빠져나와 동서변동 쪽으로 운전하면 왼쪽 도로 절취 사면에 '푸른 대구 밝은 미래 세계 속의 패션 대구' 문구가 눈에 들어온다. 문구는 마음에 들지만 직업상 거슬리는 부분이 있다. 비탈사면 중간에 보이는 폭 1.0m 정도 평지부, 소단이다. 여기 시공한 소단은 도로 오르막 경사에 따라 소단도 길이 방향으로 경사지게 시공이 되어 있다. 대구시 홍보 문구는 수평으로 설치해 놓았지만 소단은 경사지게 설치해 놓았다. 그다지 보기가 좋은 것은 아

사진 100

사진 101

니다.

 소단小段을 시공하는 목적은 비탈사면 안정각을 확보할 수 있으며, 비탈에 유수의 흐름을 일시적으로 정지시켜 강우 시 비탈사면 침식을 방지하는 효과도 있다. 물론 소단을 설치하면 토공량이 증가해 공사비용이 증가하는 점도 있다. 소단 설치 목적이 강우 시 유속의 정지 또는 감속을 위해서 소단 길이 방향으로 수평을 이루어야 한다. 하지만 위 소단은 수평으로 시공하지 않았으며 도로 종단기울기에 맞추어 경사지게 시공해 놓았다. 추측하기에 설계자의 오류가 아닐까 싶다.

시공자는 설계도면에 따라 공사할 가능성이 높기 때문이다. 다행히 이곳 비탈 절취사면은 토사가 아닌 암반으로 형성되어 있어 소단이 수평을 이루지 않아도 지금껏 피해가 일어나지 않았다. 대다수 시민은 거슬리지 않지만 나와 같은 사람들에게는 이곳을 지나다닐 때마다 영 찜찜한 기분이다.

제3부
숲속에서의 단상 斷想

그 밖의 이야기들

산림재해의 역설

 산불이 심각하다. 산불이 빈번한 시기는 3월 말에서 4월 초순 무렵이다. 산림재해는 산불 뿐만 아니라 산림 병해충으로 인한 수목 피해도 있다. 태풍과 집중호우로 인한 산사태가 발생할 수도 있다. 산이 일터인 나로서는 불편한 심정으로 이 글을 쓴다.

 사람들은 산이 주는 혜택을 쉽게 잊고 살아간다. 산을 인간들이 모두 개발해 나무가 없으면 어떻게 될까? 동물들이 살지 못한다. 비가 오면 하류 민가 농경지로 일시적으로 빗물이 흘러 내려와 토사 침식이 심각할 것이다. 나무가 없으니 빗물을 가두는 역할을 못해 홍수와 가뭄을 반복한다. 공기 정화도 하지 못한다. 나무는 이산화탄소가 필요하고 인간은 산소가 필요하다. 나무는 공기 중 이산화탄소를 흡입하고 산소를 내놓는다. 숲속에 들어가면 힐링이 되는 것은 피톤치드 때문이다.

그 외에도 산이 주는 공익적인 가치는 헤아릴 수 없다. 당장 눈앞에 보이는 가치를 찾지 못할 뿐이다. 대한민국 국토 면적 중 산이 차지하는 비율이 점점 줄어들고 있다. 과거 전 국토의 70%라고 이야기했으나 지금은 63% 정도다. 점점 산을 다른 목적으로 개발하면서 산이 없어지고 있다는 이야기다.

산이 다치고 아프고 병이 들면 필자가 하는 일이 많아진다. 돈을 벌 기회가 생긴다는 뜻이다. 아침에 톡이 왔다. 강원도 큰 피해를 준 산불로 인해 복구 사업이 폭증할 테니 강원도로 사업자 등록지를 옮겨야 하는 것이 아니냐는 문자다. 그럴 필요가 없다. 나 말고 강원도에도 이미 업체들은 많이 있으니까. 산불 발생지에 다시 나무를 심고 토사가 떠내려 오지 않게 사방사업도 해야 한다. 당연히 일거리가 많아진다.

2006년 강원도 인제에 집중호우가 내려 산사태 뿐 아니라 농경지에도 큰 피해가 발생했다. 당시 대구에 있는 건설 분야 설계회사가 강원도로 주소지를 옮겨 수의계약으로 많은 복구설계용역을 했고 급성장할 수 있었다. 이 업체는 현재 대구에서 중견 설계용역회사로 성장했다.

소나무 재선충병이 2000년 초 부산 경남에서 발생해 지금은 제주도, 경북, 충청지역까지 확산되었다. 4~5년 전 제주도에 소나무 재선충병 피해가 극심해 전국 몇몇 산림 분야 설계업체들이 제주도로 사업장 주소지를 옮겨서 수의계약으로 방제사업 용역을 체결해 큰 돈을 벌었다는 이야기도 있다. 당연히 돈을 벌어야 한다. 돈을 벌기 위해서가 아니라 죽어가는 소나무를 살리기 위한 사명감으로 제주도까지 가서 일한 것이라 생각한다.

3년 전에 설립한 신생 설계업체가 용역 수주를 많이 하고 있다. 초기부터 적극적인 활동으로 메이저 설계회사 못지않게 많은 수주를 하고 있다. 돈 많이 버는 것을 가장 먼저 추구할 가치가 있을까? 실력이 뒷받침되지 않으면 멀리 갈 수 없다.

장인 정신으로 100년, 200년 이상 기업을 유지하려면 "왜 내가 이 일을 하는가?"라는 질문에 스스로 답을 내려야 할 것이다. 태풍으로 산사태가 발생하고 병해충이 발생해 나무가 죽어가고 산불이 발생해 산림을 다시 복구해야 한다. 하지만 내가 돈을 벌기 위해서 산이 아프고 힘들어지는 것을 원치 않는다.

2019년 4월 4일 발생한 강원도 고성 산불로 인해 피해를 본 사람들에게 희망과 용기를 잃지 마시라는 말씀을 전하면서 온 국민이 산불 조심에 많은 관심을 가져 주시기를 호소한다.

산림공학 기술자의 가치

 산림산업기사 자격증을 취득하거나 토목기사 자격증을 취득한 후 일정 기간 관련 분야 경력이 있을 경우, 10일간의 산림공학 기술자 교육을 받으면 산림공학 기술자 자격증을 받을 수 있다. 필자는 1995년 10월 산림토목 기술자산림공학 기술자의 옛 명칭 교육을 4주간 산림청 산하 산림교육원에서 받았다. 당시는 산림기사 자격증을 취득하지 않아도 관련 업무를 맡은 공무원과 토목기사 자격증을 소지한 자에게는 관련 분야 경력이 없어도 4주 교육으로 산림공학 기술자 자격증을 주었다. 필자는 토목기사 자격증을 가지고 있었다.

 2000년 이전까지는 임도, 사방사업 등에 종사할 산림공학 기술자가 부족해 4주간의 교육만 이수해도 자격증 발급이 가능했던 시절이다. 지금은 산림공학 기술자가 넘쳐난다.

 물론 건설 분야 기술자처럼 남아도는 것은 아니다. 하지만 산림분야도 2018년을 기점으로 일감이 줄어들고 있다. 이제 포화 상태에 이른 것이다.

 이야기하고자 하는 내용은 필자의 주관적 판단이다. 이해관계가 있는 분들에게 양해를 구한다. 오랜 실무 경험에서 느낀 점이 있다. 지금까지 산림공학 기술자들이 임도, 사방분야 설계를 하고 있지만 모두가 진정한 기술자라 하기에 한 마디로 부끄럽다. 토목 관련 학과를 전공한 산림공학 기술자도 일부 '부끄러운' 이도 있다. 대학에서 산림 관련학과 출신들이 단지 산림기사 자격증을 취득하고 열흘간 교육 이수를 했다고 산림 토목기술을 갖춘 산림공학 기술자라고 말할 수 있을지 의문이다. 산림 관련 학과에서는 산림공학 용어 정도만 배울 것으로 추측한다. 좀 더 깊이 있게 측량하는 방법이나 평면도, 종횡단도, 유토 곡선 등 도면 작성에 대해 그저 단어 정도만 들어 보았을 것이다. 현장에서 이루어지는 측량과 거리가 먼 이론만 알고 있을 것이다.

 녹지직 공무원들 경우는 산림교육원에서 대부분 산림공학

사진 102

기술자 교육을 받지만 민간인들은 산림조합중앙회 임업 기술 훈련원에서 시행하는 산림공학 기술자 교육을 받아야 한다. 수십 년간 진행해온 산림공학 기술자 교육이 조금은 형식에 치우친 점이 있다고 본다. 실제 수업은 5일 정도이며 나머지는 비본질적 교육이 아닌가 싶다. 어떻게 2주 교육으로 임도 설계 전 과정을 마스터할 수 있을 것인가?

 한 번 강의를 맡아 진행하면서 교육생들이 어느 정도 수준인지 알 수 있었다. 임업 기술 훈련원에서 시행한 2018년도 8차 산림공학 기술자 교육에서 「임도 노선 선정과 측량 설계 도면 작성」 과목을 2박 3일 동안 강의를 진행했다. 필자는 2009년부터 4년 동안 산림기사 학원과 최근 3년 동안 산림조합중앙회 임업인 종합 연수원에서 강의해 본 경험이 있기에 별 부담 없이 할 수 있었다. '임도 측량 도면 작성'이라는 내용으로는 처음 해 본 강의라 교육생들에게 전달하는 내용이 부족함을 느꼈다. 핵심 요지를 정확히 전달하지 못한 아쉬움이 컸다. 다음에는 자료를 충분히 준비해 교육생 눈높이에 맞춰 내용을 좀 더 쉽게 구성해야 할 것이다. 기초 지식과 기본에 충실한 교육을 해야 할 것이다.

한 가지 더 욕심을 낸다면 측량 도면 작업 실습 과정을 따라오지 못하고 배우려는 자세가 부족한 교육생에게 낙제 점수를 주어 산림공학 기술자 자격증을 받을 수 없도록 할 필요가 있다. 지금까지는 교육생들이 출석을 성실히 하고 객관식 시험에서 일정 점수만 받으면 모두 자격증 취득할 수 있었으나 앞으로 교육에 충실하지 않은 이들은 자격증을 취득할 수 없도록 강화할 필요가 있다. 이런 노력을 통해 산림공학 기술자의 가치와 위상이 높아질 것이다.

초임 기술자의 자산

　점심 식사 중 전화벨이 울린다. 통화가 어려운 상황이라 한참 후에 전화를 걸었다. 최근 엔지니어링 업체를 창업한 권○○ 씨다. 연배가 어린 까닭에 편하게 말을 하는 사이다. 어제 산림환경연구원에서 임도 설계심사를 하며 임도 노선 배치를 다시 검토해 보라고 한 내 의견에 따라 곧바로 현장으로 나가 재 측량 중인데 필자가 제시한 노선에 묘지가 많아 임도 개설이 어렵다며 하소연도 하고 조언도 듣고자 전화를 한 것이다.

임도는 한 번 개설하면 노선을 바꾸기가 불가능하다. 임도 노선 선정만큼은 신중에 신중을 기울여야 하는 법이다. 필자는 이렇게 조언해 주었다.

"권○○ 씨, 자네가 진정한 기술자로서 성장하려면 지금 현장에서 보이는 문제점을 해결하기 위해 비록 당장 돈은 벌 수 없어도 몇 번이고 측량을 반복해서 최적 임도 설계 노선을 찾아내야 할 것이네. 만약 지금 당장 돈을 벌고 싶다면 이런 복잡한 절차 무시하고 대충 사무실에 앉아 설계하면 그만이겠지."

권○○ 씨는 창업 전 동종 업계에서 산림 토목설계를 수행했지만 임도설계 기술은 제대로 배울 기회가 없었을 것이다. 임도설계에 대해 제대로 가르쳐 주는 전임자가 없었기 때문이다.

A업체가 설계한 숲 가꾸기 사업 설계도서를 감리 자격으로 검토한 적 있었다. 해당 업체를 비하할 의도는 없으나 너무 형편없는 설계도서다. 기본이 되는 숲 기능 설정도 명확하지 않았고 격자 틀에 의한 표준지를 배치해야 함에도 일하기 쉬운 곳 위주로 배치했다. 게다가 솎아베기 간벌목 수집 목적이 무엇인지에 대한 답변도 하지 못했다.

실망스러운 설계도서다. A업체는 창업 후 1년 정도 되었고 2~5년 경력자들을 채용해 많은 용역을 수행하고 있다. 대표자는 사업 수단이 뛰어나 많은 일거리를 가져오고 있지만 어설픈 실력으로 용역을 수행하다 보니 품질이 떨어지게 마련이다.

기술자는 급여를 많이 주는 업체보다 기술을 습득할 수 있는 여건이 마련돼 있는 직장을 선택할 것을 권한다. 동료, 선임자의 노하우를 배워 남들에게 처지지 않는 기술력을 갖추는 것이 두툼한 월급 봉투보다 큰 자산이 된다는 것을 알아야 한다. 단기간 이 분야에서 근무하다 이직할 것이면 봉투가 두꺼울수록 좋겠지만 한 분야에서 평생 일할 각오가 되어 있다면 진정한 고수 밑에서 기술을 습득하는 것이 결국 자신에게 가장 소중한 자산이 된다는 것을 알려주고 싶다.

산지복구 설계와 감리

 2018년 7월 30일. 산지를 전용해 주택단지를 조성하는 곳에 다녀왔다. 산지관리법을 보면 산지를 전용해 다른 목적으로 형질을 변경할 경우 산지 전용면적이 10,000㎡ 이상일 경우 산지 복구공사 감리용역을 시행해야 한다. 또한 산지복구 예치금이 10억이 넘으면 산림공학 기술자 기술특급을 감리원으로 지정해야 한다.

 현장은 2014년도 개발 사업으로 허가 받은 곳이다. 당시에는 복구 예치금이 10억이 되지 않았으나 매년 인상되는 복구 예치금을 반영하다 보니 2018년에는 10억을 넘어섰다.

 산지관리법 시행규칙 제42조는 복구설계 승인기준을 규정하고 있다. 산지전용지와 토석채취지를 구분해 기준을 달리하고 있다. 산지전용지에는 직고 5m마다 소단 1m이상을 두도록 하고 최대 직고 15m까지만 허용한다. 현장은 이 규정을 무시하고 시공을 완료한 상태다. 직고 높이를 조정하기가 불가능한 상태. 어느 구간에는 규정 높이 2배 가깝게 직고를 형성해 놓은 곳도 있다.

 산지관리법에서 규정하는 복구설계 승인기준에 어긋나는데 발주처 담당자가 사면녹화 처리만 하면 복구설계서를 승인해 주겠다는 이야기를 간접적으로 들었다고 한다. 담당자가 올해 산지복구 업무를 처음 맡은 것으로 알고 있다. 복구 설계자와 감리자는 기준에 맞지 않는 것을 맞다 할 수는 없다. 당장 눈앞

사진 103

의 수익만 생각해 계약하면 나중에 난감한 경우를 당할 수 있다.

차후 비탈사면이 무너져 인명 피해가 날 경우는 모든 책임을 져야 한다. 물론 비탈사면이 무너지지 않고 녹화를 완료할 수도 있을 것이다. 복구설계기준에 맞지 않는 시공 현장을 무리하게 계약하지 않았다. 기술자의 사명이 무엇인지 늘 기억했으면 하는 마음이 간절하다.

감리용역 수행에 따른 설계검토보고서

○○사방사업 감리용역을 계약했다. 과업지시서에 따라 설계검토 보고서를 작성한 후 발주처로 제출했다.

C에게서 전화가 온다.

"설계 검토 보고서 모든 항목이 '적합'이라고 했는데 제대로 설계서 검토를 한 것이 맞아?"

라고 묻는다. 필자의 답변이 궁색하다.

"검토할 시간이 짧아 상세하게는 검토 못 하고 전체적인 윤곽만 검토했습니다."

설계검토보고서

구분		내 용	적합여부	
			적합	부적합
설계 검토	현장조건적합성	현계상이 종횡침식 및 퇴적으로 불안정한 상태이므로 계류보전사업지로 적정함.	O	
	시 공 가 능 성	장비, 자재 진입여건은 좋으며, 설계에 의한 시공은 가능함	O	
	시 공 위 치	인근에 민가와 경지가 있어 침식 및 재해방지 효과가 높은지역으로 판단됨.	O	
	구 조 물 규 격	구조물의 규격은 현지여건에 적합하게 설계되었음.	O	
	사 용 자 재	현지여건상 소형사방댐, 바닥막이, 기슭막이는 적정하다고 판단됨.	O	
	공종 및 공법	설계된 구조물 반영으로 계상의 종횡침식을 방지하는 계획은 적정함.	O	
	친 자 연 성 친 환 경 성	바닥막이, 기슭막이는 야면석으로 계획하는 등 주요 구조물을 친환경성을 최대한 고려하였음.	O	
	재 해 방 지 등	설계도서에의거 시공시 재해방지 증에 기여할 것으로 판단됨	O	
	시 방 서	일반·특별·전문시방서로 구분하여 전문적인 사항이 포함되었음	O	
공정표	기 간	90일의 공사기간은 본 사업 추진에 적정한 것으로 판단됨.	O	
검토의견		O 설계 계획은 현지여건에 적합한 것으로 판단되며, 시공과정에 민원 및 여건변화에 따른 합리적인 변경동이 필요함. O 주변 연접지에 대해 사전협의 등을 통하여 원만한 사업추진이 요망됨.		

사진 **104**

감리자 생각과 설계자 생각은 다를 수 있다. 견해가 다르다고 '부적합'이라고 할 수 없다. 하지만 감리자가 설계도서대로 시공할 때 예상 가능한 문제점이나 더 나은 계획 의견 제시도 없이 그저 모든 항목에 '적합'이라고 표기하면 형식적으로 설계도서를 검토한 것이라며 지적한다. 좋은 충고다. 귀한 조언을 해준 C님께 감사의 마음을 전한다. 바쁘다는 이유로 건성으로 검토하기도 했다. 이 일을 계기로 형식적 설계 검토가 아니라 사명감을 가진 기술자의 자세로 최적의 설계에 대해 끊임없이 고민하기로 다짐할 수 있었다.

아무도 돌 위로 걷지 않는다

 숲길을 걸을 때 딱딱한 돌멩이를 밟기보다는 부드러운 흙길을 걸을 때 발이 편안하다. 흙길은 탐방객이 걷는 압력으로 인해 노면 침식이 쉽게 일어나 수시로 보수 작업을 해야 하는 단점이 있다. 돌멩이 길은 단단해 노면 침식이 일어나지 않는 장점이 있지만 탐방객이 불편하다. 발에 무리가 많이 가고 피로가 빨리 온다.

 침식을 보완하는 방법으로 보행식생 매트를 흙길에 깔아 놓는 방법을 사용한다. 일정 구간마다 횡배수개거를 시설하면

사진 105

이 또한 노면 침식을 보완할 수 있다. 노면 침식 방지를 위해 돌붙이기 공종은 자제했으면 한다. 순리에 역행하는 숲길이 되지 않기를 바라는 마음이다.

산지에 설치하는 태양광 발전시설의 문제점

　필자는 2018년 11월 현재, 포항 및 영천시 사전재해 영향성 검토위원으로 활동하고 있다. 최근 태양광 발전 시설이 유행함에 따라 산지 전용에 따른 사전재해 영향성 검토 의뢰가 급증하고 있다.

　문재인 정부가 들어서며 친환경 에너지 정책에 따라 너도 나도 태양광 발전시설 모듈 설치에 나서고 있다. 고속도로 휴게소 들어서면 주차 공간에 지붕 형태의 모듈을 설치한 곳이 있다. 일석이조 효과를 낼 수 있다. 비가 올 때 비를 피할 수 있어

좋고 뜨거운 여름에는 차량에 그늘을 제공해 준다. 태양광 발전 시설을 하기 위해서는 부지가 있어야 한다. 상대적으로 토지 가격이 저렴한 산지를 전용해 많이 설치하는 편이다. 도심 근교 외곽지에는 쉽게 태양광 발전 시설 부지를 볼 수 있다.

지난 7월, 집중호우로 태양광 발전 시설 부지에 산사태가 발생한 기사를 보았다. 산지를 무턱대고 없애고 에너지 생산 시설로 바꾸는 것이 옳은 것인지 따져봐야 한다.

숲이 주는 공익적 기능은 헤아릴 수 없다. 수자원 함양, 재해 방지, 경관 보전, 야생 동물 서식지 제공, 공기 정화 등 이런 기능들이 당장 돈으로 환산할 수 없다고 해서 숲을 훼손하는 어리석음을 범하지 말고 신중히 처리할 필요가 있다.

산지에 설치하는 태양광 발전 시설 부지는 지목이 잡종지로 바뀌게 되어 목적 사업이 끝나면 지가 상승효과도 있었지만 산림청에서는 2018년 8월부터 태양광 발전 시설 부지를 산지 전용하지 못하도록 못 박았다. 태양광 발전 시설 부지로만 사용한 후 다시 산으로 환원시키도록 조치한 것이다. 이제는 무분별하게 산지를 전용하는 일이 없을 것으로 기대한다.

최근 산지 태양광 발전 시설을 완료한 부지에 산지 복구설계 감리 의뢰가 들어와 현장에 가 보았다. 이런 경사지에도 태양광 발전 시설 허가가 났다는 사실에 놀라움이 앞섰다. 하부에는 민가도 있다. 붕괴 방지를 위해 콘크리트를 뿜어 부치기 작업까지 해 놓은 것을 볼 수 있었다. 당연히 사전 재해 영향성 검토 절차를 통과했을 것이다.

영천시 관내 태양광 발전 시설에 따른 사전 재해 영향성 검토를 하다 보면 기존 계곡을 메우고 부지로 조성하는 도면을 종종 만난다. 물은 항상 똑바로 흐르려고 한다. 물길이 바뀌고 종단물매가 변하면 자연스럽게 침식이 일어난다. 이 기본적인 자연의 법칙을 무시하고 부지 조성을 지적도 경계선까지 무리하게 계획한 도면을 볼 때 안타까움을 금치 못한다. 자연에 순응하고 자연과 인간이 공존하는 공간을 만들 책임이 우리 모두에게 있다.

설계변경 교육

 경북 청송에 있는 임업인종합연수원에서 '설계변경'이라는 주제로 강의를 진행했다. 수강생은 대구·경북 관내 산림조합 직원들이다. 관내 24개 산림조합에서 17개 산림조합 직원들이 참석했다. 그중 경력이 짧은 3명만 모르는 사이고 나머지 교육생들은 모두 업무를 함께 해 본 인연이 있었던 직원들이다.
 계약 조건에서 말하는 '설계변경의 진행, 방법, 금액 조정 등'에 대해 건설 표준품셈 특이사항들, 예컨대 굴삭기 암반

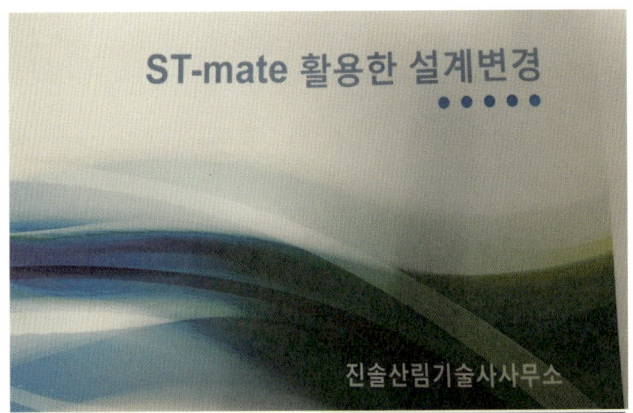

사진 **107**

사진 **108**

작업 시 할증, 덤프트럭 적재, 수량 산출에서 기본적인 주의사항들, 토량 변화율 및 재료 단위 중량에 대한 이해, 마지막으로 ST-mate 프로그램을 활용해 설계 내역서를 기준으로 계약 내역서를 전환하는 방법, 설계변경 진행 방법 등을 강의했다.

무엇보다 엑셀 파일을 ST-mate에 불러들여 설계변경 진행하는 방법을 알려 주었더니 대부분의 수강생이 몰랐던 부분이라며 큰 관심을 갖고 강의에 집중했다.

> 이번교육과정 강사들중에서 제일 강의 잘하신것 같습니다 정말 많은 도움이 되었습니다 필기 열심히 했는데 가서 실습해보고 모르는 것이 생기면 연락드리겠습니다 정말 감사합니다

사진 109

> 잘도착하셨습니까? 소장님 강의 부족한점 없었습니다 알기쉽게 교육생눈높이에 마춰주셔서 좋았습니다 이번강의에 어떤분들은 조합에 근무하면 다 아는것처럼 말씀하시고 넘어가시는분들이 대다수였었는데 소장님은 기초적인것부터잘알려주셔서 너무 감사했습니다 혹시 다음에 기회가 된다면 st 한단계 더 들어가서 심화학습을 배우고싶습니다^^ 명쾌한강의 너무 고맙습니다 편히 쉬세요^^

사진 110

> 교육 전반적으로 만족했습니다 굳이 하나 말씀 드리자면 건의사항이 하나 있습니다
> 건의사항은 설계 및 변경의 기본 틀 및 규정이 매우 중요하긴 하나 시간이 가능하다면 실무에서 실제로 쓰이는 프로그램 그러니까 예로 알피 오솔길 혹여나 다른 편하고 유용한 다른 기타 프로그램도 교육이 좀더 이루어졌으면 합니다 그러면 잘은 못하더라도 어떤 프로그램이 쓰이는지 단점은 무엇이고 보완방법은 무엇인지 아는것도 많은 공부가 될것같습니다. 교육하신다고 고생하셨습니다 늦었지만 복 많이 받으세요~

사진 111

사진 **112**

저 개인적으로는 소장님 전문분야인 임도설계에 좀더 시간을할애해서 노선선정및 설계시유의사항등 임도파트를 더해주심 좋겠음다

오랫만에 뵙게되어 반갑습니다
강의에 부족한 점 보다 우리가 꼭 알아야 할 부분들을 강의해서 좋았읍니다
앞으로도 많은 정보 부탁드립니다
항상 건승 하시길 바랍니다

사진 **113**

사진 **114**

이틀동안 고생 많이 하셨습니다.
제가 잘했다, 못했다 판단하기는 힘들 것 같아요. 설계변경업무 하는데 많은 도움이 되었습니다. 기존 강사들이 너무 기술적인 면에만 치중하다보니 이해하기가 힘들고 배워도 금방 잊어버리는데 기술사님 강의는 업무와 관련성에 중점을 두고 하시니 여러가지면에서 도움이 많이 되었던것 같습니다. 조금 아쉬웠던건 시간대별로 세부교육계획을 가지고 수업이되면 더욱 알찬 강의가 되지 않을까 생각합니다. 건강하시고 기회가 되면 또 만날수 있길 기원합니다. 수고하세요.

사진 **115**

저 개인적으로 도움이 되는 강의 엿다고 생각합니다
다만 교육생과 같이 직접 프로그램을 사용하는 시간이 조금 부족한거 같습니다
강의하신다고 고생하셨습니다

귀가 후 수강생들에게 SNS를 통해 설문조사를 실시했다. 전원이 답변을 보내 준 것은 아니지만 대체로 좋은 평을 내려주었다. 다시 한 번 그때 수강생들에게 감사와 안부 인사를 전한다. 대한민국 산림공학 발전을 위해서 더욱 노력이 필요하다는 것을 느낀 시간이었다.

낙찰률의 정의

낙찰률은 언제 사용할까? 설계를 변경할 때 새로운 공종이 있을 때 낙찰률을 적용한다. 최근 시공사에서 작성한 두 건의 설계변경내역서를 검토하던 중 두 건 모두 낙찰률에 대한 올바른 정의를 모르는 안타까운 현실을 보았다. 낙찰률=계약 금액÷설계서 표기금액 기초 금액으로 잘못 적용하고 있다. 낙찰률은 아래 정의를 따른다.

낙찰률 = 계약 금액÷예정 가격

계약 금액은 도급계약이라고 할 수 있고 낙찰 금액이라고 말할 수 있다. 예정 가격이란 무엇일까? 나라장터 G2B 입찰 정보에서 공사 개찰 결과를 보면 입찰 공고 시 해당 공사 기초 금액을 알 수 있다. 기초 금액은 발주처에서 설계서에 표기한 금액이 기초 금액이 될 수도 있고 약간 사정할 수 있다. 따라서 기초 금액은 설계서에 명시한 금액이라고 단정적으로 말할 수 없다. 대개는 같은 경우가 많은 것이 사실이지만.

투찰 시 무작위로 나열한 ±3% 범위 내 15개 추첨 번호 중 2개를 선택해 그 중 가장 많이 선택한 4개 추첨 번호 평균 금액을 예정 가격으로 한다. 따라서 어떤 경우에는 기초 금액이 예정 금액과 일치할 수도 있지만 기초 금액과 예정 금액은 대개 조금 차이가 날 수 있는 법이다.

측량은 자부심과 사명감으로

한 노선에 세 번이나 임도 측량을 했던 경우가 있다. 작년 하반기에 D지역 임도 신설 설계용역을 계약한 후 임도 노선을 1안, 2안, 3안으로 세 종류를 계획했다.

1안은 측량 후 도면 작업, 설계 내역 작업까지 완료했으나 발주자는 당초 타당성 평가 노선과 거리가 멀다며 노선 변경을 요구한다. 타당성 평가 노선에 거의 일치하는 3안으로 다시 측량한 후 도면 작업과 내역 작업까지 하고 나니 휴경지 전답이 편입된다면서 전답을 피하는 노선을 설계하라고 요구한다.

남은 2안으로 재 측량을 했다. 대한민국 임도 설계 최고 전문가라고 자부하는 필자는 소풍 가듯 즐거운 마음으로 현장에 나간다.

측량 노선 반대편에서 측량을 완료한 노선 종점과 연결하려 당초 계약한 거리 1.0km보다 훨씬 더 늘어난 1.4km를 측량했다. 종점부에 노출 암벽이 있다. 억지로 암반을 발파하고 성토 사면에 옹벽 석축 시공을 하면 임도 노폭을 확보할수 있지만 훼손이 심하고 공사비용 또한 많이 드는 노선이다. 주변 지형을 둘러보니 임도 선형 중심선을 직고 5m 정도 아래로 변경하면 무난하게 임도를 개설할 수 있다.

사진 116

사진 117

　이전 노선 설계자는 왜 무리하게 암벽과 연접하도록 측량했을까? 두 가지 추측이 가능하다. 해당 설계자가 암벽 존재 사실 자체를 모르거나 노선을 변경하려면 일부 구간을 다시 측량해야 하므로 귀찮아서 그냥 대충 설계했다는 이유일 것이다. 임도는 한 번 개설하면 영구적이다. 구조물 공종 추가나 수량은 개설 후에도 언제든지 변경이 가능하지만 임도 노선은 바꾸는 것이 거의 불가능하다.

　임도 설계는 사명감으로 해야 한다. 자부심으로 해야 한다. 내가 측량한 노선이 1년 후면 길이 되기 때문이다. 필자는 1995년부터 임도 측량을 해 왔다. 시행착오로 인해 초기 졸작도 있지만 지금은 자부심을 갖고 당당하게 임도 측량에 임한다. 측량 후 노선이 맘에 들지 않고 더 좋은 노선을 발견하면 일초의 망설임 없이 다시 측량하는 일을 반복하곤 했다.

이번에도 세 번씩 측량을 반복하지만 소풍 가는 마음으로 측량을 하니 즐겁기만 하다. 측량은 설계자의 자부심과 사명감으로 해야 한다.

고뇌

 필자는 임도 예정 노선에 대해 고민을 하고 있다. 평소 해왔던 대로 1/5000 지형도를 펼쳐 놓고 본능적 감각으로 임도 신설 예정 노선을 분석한다. 먼저 횡단사면 경사를 살핀다. 예정 노선의 종단물매는 과연 어떤지 체크한다. 마지막으로 임도 개설 시 경관적 요소 등을 고려한다.

 지난번 산림 약용자원 연구소에서 의뢰 받은 작업 임도의 예정지를 그리다가 고뇌에 빠졌다. 목적지에 도달하기 위한 노선 몇 가지 안을 그려본다. 각 노선 장단점을 파악한다.

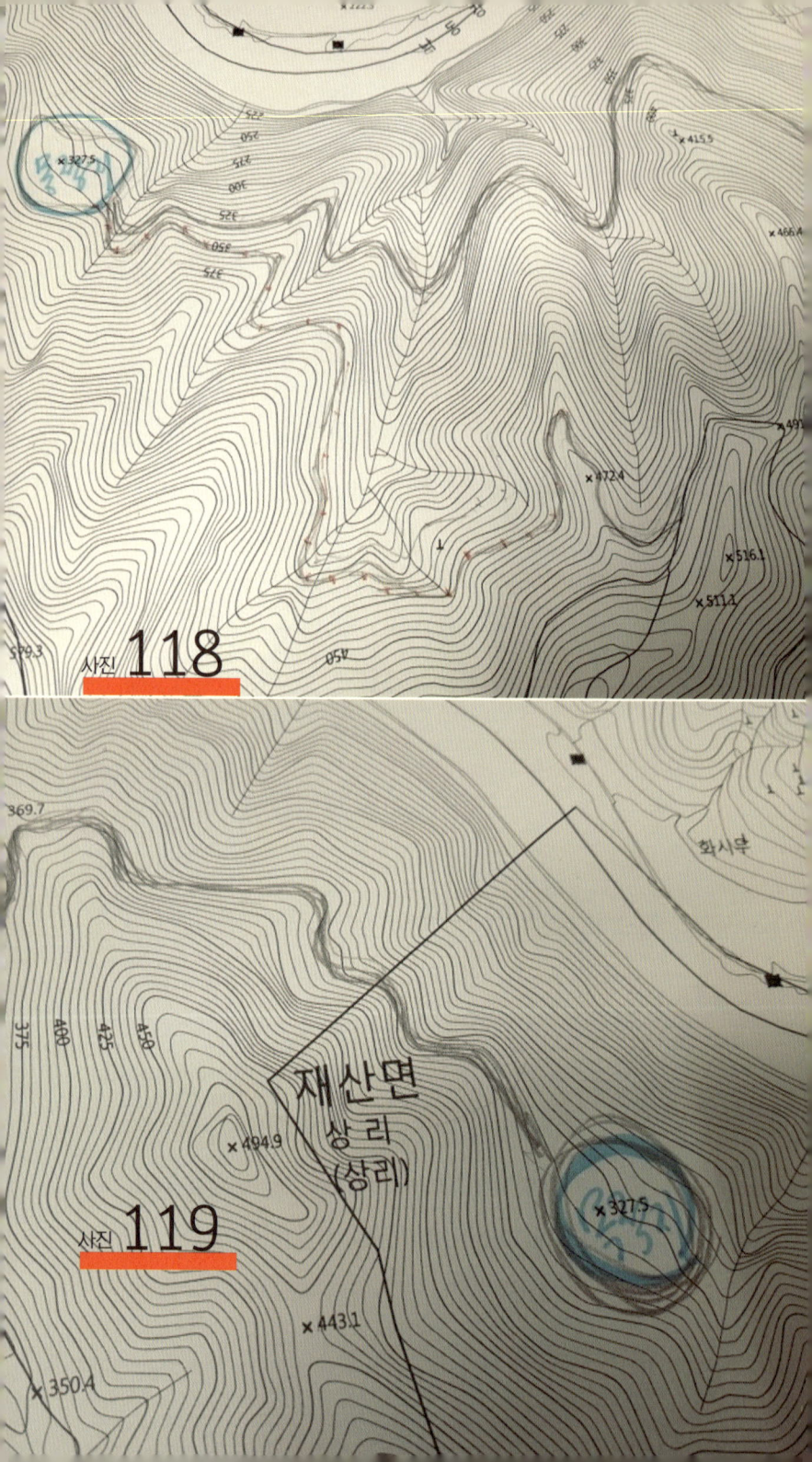

사진 118

사진 119

최적 안을 찾기 쉽지 않다. 1안, 2안, 3안 모두 횡단 사면 경사가 너무 급해 산림 훼손이 심하다. 차라리 임도를 개설하지 말자고 제안하는 게 좋을 듯하다. 왜 이런 곳에 굳이 임도를 개설해야 하는지 정확히 알 수 없다. 며칠 후 현장답사를 다녀와 결론을 내리기로 한다.

고뇌에 대한 답을 찾다

임도 예정지에 다녀왔다.

예상대로 산지 횡단 경사가 급하다. 대부분 70~80% 기울기다. 1/5000 지형도에서 분석한 예정 노선 중 최단 노선으로 하기로 했다. 암질이 단단하지 않은 게 그나마 다행이었다. 문제는 횡단사면이 급해 성토가 어렵다는 점이다. 그 많은 사토량을 어찌 처리할 것인가? 측량할 때 좀 더 고민해야 할 것이다.

삼동재에서 바라본 대상지의 멋진 풍경이 펼쳐진다. 경관

기존 운재로
사진 120

사진 121

사진 **122**

요소를 고려해야 하므로 산지 훼손을 최소화하려 노폭은 작업 임도 최소 폭 3.0m로 결정했다. 조형물이지만 호랑이의 위용에 기운이 넘친 하루였다.

경고

느닷없이 경고장이 날아왔다. 인생 새옹지마라고 했으니 앞으로 더 잘 되기 위한 징조일 수도 있고 아니면 그간 대충 한 일에 대한 진짜 경고일 수 있다. 2018년 봄, 숲 가꾸기 사업 감리용역을 수의계약으로 진행한 적이 있다. 해당 발주처에서 처음 받은 용역이기도 하다. 일감을 달라고 부탁한 적도 없다. 설계서는 95% 완성했고 사업 진행에 차질 없게 하려면 설계를 마무리해야 한다. 이때 감리자가 설계 잘못을 지적하면 처음부터 새로 설계를 수정해야 한다. 당연히 사업 발주

사진 123

> 수신 진술산림기술사사무소
> (경유)
> 제목 2018년 숲가꾸기사업 현장점검결과에 따른 행정처분
>
> 1. 산림청 산림자원과-6251(2018.12.28) 및 경상북도 산림자원과-1
>   호와 관련됩니다.
> 2. 귀 법인에서 우리 군과 계약·시행한 사업 관련 위반사항에 대ㅎ
>   행정처분 하오니, 추후 이러한 문제가 발생하지 않도록 관리하여

에 지장이 생긴다. 어떻게 할 것인가?

 발주처에서도 어느 정도 설계 잘못을 인정하면서 감리자가 지적한 부분을 그냥 넘어가자고 하는데 '을' 입장에 있는 우리가 억지를 부리며 갑에게 강하게 요구할 수 있을까?

 감리 과정에서 발견한 문제는 이것이다. 설계도서를 검토하던 중 천연림 임지에 대해 100% 천연림 보육이라는 공종을 적용했다. 자연적으로 임지가 생겨난 천연림에는 '보육' 공종을 적용할 대상지는 그리 많지 않다. 대부분 천연림은 보육보다는 '개량' 작업을 여러 번 실시한 후 대경목 생산이 가능한 임지에 보육 작업으로 이어져야 한다.

 이번 경고장은 128ha 전부를 보육 대상지로 선정한 것이 잘못이라고 지적한 것이다. 사업 발주에 지장이 있다면서 발주자가 그냥 넘어가자고 하는데 어찌 감리자가 발주처에 반박하겠는가? 발주처는 그렇다 치더라도 설계자는 숲

가꾸기 사업 개념조차 갖추지 않았으니 속 터질 듯 답답한 심정이다. '돌대가리 같은 놈'이라고 욕하고 싶다.

숲 가꾸기 사업 특성상 객관적 측면보다는 주관적인 성격이 강하다. 일반 토목사업은 치수가 정밀하게 표준화되어 있지만, 숲의 기능적인 면을 정하는 것은 보는 사람의 관점에 따라 주관적인 면이 강할 수밖에 없다. 정답이 있는 것이 아닌 셈이다. 필자 역시 숲 가꾸기 사업 전문가는 아니다. 이번 경고장을 통해 숲을 포함한 산림 모든 분야에 걸쳐 여러 가지 지식을 습득할 이유를 찾는 계기로 삼는다.

시험에 합격한 기술사와 진짜 실력을 갖춘 기술사

 A에게서 전화가 왔다.

 "E면 F리에 계류보전사업 설계에 관여했나요? B기술사가 설계했는데 너무 엉망입니다."

 "사업 대상지는 위성 지도로 봐서 대충 아는데 현장에는 가보지 않아 잘 모른다. 그 설계에 내가 관여하지 않았다."

 "틀린 것을 지적해도 되나요?"

 "사소한 것이면 몰라도 심각한 것이나 큰 오류는 지적해야지."

A는 기술사가 아니다. 2005년부터 인연이 되어 알고 지내는 업계 후배이면서 성실한 친구이다. B는 산림기술사이다. 설계 경력은 1~2년 정도로 짧지만 시공 경험은 풍부하고 부지런하다. 2017년에 알게 된 나보다 3년 정도 후배다. 국가에서 인정하는 자격 분류에서 B는 기술사라는 최고의 자격증을 보유했다. A는 기사 자격증을 가지고 있는 산림분야 설계 경력 15년 정도 된다.

 위 사실을 놓고 본다면 단순히 국가에서 분류하는 기술자의 등급에 모순이 있다고 볼 수 있다. 계류보전 설계 한 가지 경우를 놓고 섣불리 A는 실력 있는 기술자이고 B는 실력이 부족한 기술자라고 단언할 수 없다. 그 분야 전반적인 업무에 대해 다양한 지식을 지니고 있어야 하며 많은 경력을 가진 기술자가 진정한 기술자가 아니겠는가? C기술사는 현장 경험은 거의 없이 교재에 나오는 이론을 열심히 공부해 기술사 시험에 합격했다.

 우리나라에서는 대부분의 자격증 시험을 한국산업인력공단에서 시행하고 있다. 기술사의 선발기준을 정해 놓았으나 시험제도의 허점이 있다는 것을 느낀다. 기사 자격증 소지자는 관련 분야 4년 경력이 있어야 기술사 시험 응시 자격이 있다. 기사 자격증 미소지자는 경력 9년이 있어야 한다. 그 경력의 판단 기준은 4대 보험 가입 증명서로 한다. 여기서 큰 모순이 있다. 소위 말하는 자격증 대여, 실제 업무를 하지 않고 경력을 쌓을 수 있는 것이다. 그렇다고 다른 방법으로 경력 증명을 할 수 있는 방법이 있는 것이 아니다.

시험 선발에서도 이론적인 내용 위주로 할 수 밖에 없다. 그나마 면접시험에서 현장에서의 있을 수 있는 경험들을 질문할 수가 있으나 이 또한 교재에 언급된 이론적인 내용을 대답한다면 큰 무리가 없이 합격을 할 수가 있다.

필자 역시 산림기술사이지만 산림분야 전체에 대해서 전문적인 지식을 갖추지는 않았다. 주로 산림공학 임도, 사방 등 분야에서는 전문가라고 말을 해도 부끄럽지 않으나, 기타 산림경영, 숲 가꾸기, 산림 보호 분야에서는 전문가라고 말하기에는 부끄러운 점이 있다.

기사 자격증을 소지한 엔지니어들이 현장에서 불만을 터뜨린다. 위에서 언급한 A처럼처럼 계류보전 설계도 제대로 못 하는 기술사가 무슨 기술사냐고?

기술사 선발 제도의 모순은 있으나 가짜 경력을 찾아낼 대안이 없다는 것과 수험생의 실력 검증은 이론적인 기초 지식을 위주로 할 수밖에 없다. 시험 선발에 대한 불만을 주장하기보다 본인이 기술사 못지않은 실력을 갖추고 있다면 국가에서 정한 기술사 선발 기준 시험에 통과해야 한다. 그 시험에 합격하는 것이 국가에서 정하고 있는 최소의 기술사 자격요건이다. 자격요건을 갖춘 후 당당하게 말하라.

"나는 진짜 실력 있는 기술사다."

꿀맛 나는 붉은빛 사과처럼

 보름 전 2019.5.3 제 117회 기술사 시험 최종 합격자를 발표했다. 산림기술사 명단도 발표되었다. 대구, 경북지역에서 공무원 출신자를 제외하고 직접 용역업을 수행하는 엔지니어가 산림기술사에 합격한 것은 오랜만이라서 반갑기도 했다. 이번에 합격한 권○○ 님이 전화를 걸어와 '앞으로 더 열심히 배우도록 하겠다.' 말한다.
 산림기술사가 주목받게 된 시기는 2000년대 들어서면서부터이다. 2000년 이전에는 사회에서도, 법령에서도 산림기술사의 역할이 필요로 하지 않았다. 산림기술사 자격증을 요구하지 않으니 당연히 산림분야 종사자들이 관심을 갖지 않았다.

2000년 이전에 산림기술사 합격한 사람들은 시험 난이도가 쉬웠기에 합격률이 높았다. 남들이 예상하지 못하는 미래 가치를 알고 미리 도전하고 준비한 점을 높게 평가할 만하다.

2010년 이전에는 면접시험에 한두 번 떨어지더라도 1차 필기시험 합격자는 2년 이내에는 최종 합격에 문제가 없었다. 한국산업인력공단에서 시행하는 대부분의 시험은 필기시험 합격 후 2년 이내에 면접시험에 합격하지 못하면 1차 필기시험 합격이 무효가 된다.

2000년 후반부터는 재작년까지 산림기술사 필기시험 합격이 쉽지 않았다. 또한 면접시험에서도 합격하기가 쉽지 않다. 2년 이내에 면접시험에 통과하지 못해 1차 필기시험을 새로 치르고 최종 합격한 사람들도 있다.

2018년 필기시험부터 합격자 수가 늘어났다. 그전에는 회차당 합격자 수가 2~5명이었으나 작년부터 회당 9~13명까지 합격자 수가 늘었다.

필자가 합격한 2010년도는 2명이었다. 난이도가 어려울 때도 있고 쉬울 때도 있다. 하지만 최종 합격자는 다 똑같은 산림기술사가 되는 것이다. 최소한 국가에서 인정하는 기술사이다.

　초기에 합격한 산림기술사 중 실무에 약한 기술사들도 있다. 최근에 합격한 산림기술사 중에서도 업무수행 능력이 부족한 자가 있다. 필자 역시 아직도 부족한 점이 많다. 특히 산림경영 분야에서는 상대적으로 실력이 많이 부족하다. 기술사는 이론과 경험을 바탕으로 고도의 전문지식을 가진 자이다. 기술자 중에 실무능력이 뛰어나지만 기술사 자격증이 없는 사람도 있다. 그에 반해 기술사 자격증은 있지만 실무능력이 부족한 기술사도 있다.

　국가에서 인정하는 자격증은 어쩌면 최소한의 자격요건이다. 해당 자격증 취득은 당연하고 실무 경험을 바탕으로 전문지식과 경험을 가진 자를 진정한 기술사라고 부를 수 있을 것이다.

　더 중요한 것은 스스로 품격을 갖추는 것이다. 실력을 인정받는 기술사일지라도 인격이 부족하면 기술사의 기본자질을 갖추지 못한 것이다. 껍데기만 붉은빛 나는 사과보다 속이 꿀맛 나는 사과가 더 맛있듯 사람들도 껍질도 빛나고 꿀맛 나는 사과를 더 좋아할 것이다.

내가 숲으로 간 이유는
삶을 천천히 신중하게 꾸리면서
삶의 본질적인 측면들만 마주하며
삶이 내게 가르치는 것들을
배우고 싶어서다.

헨리 데이비드 소로
Henry David Thoreau

마치는 글

나를 돌아보고 멀리 날자

나를 돌아보고 멀리 날자

경상북도 산림환경연구원 서부 지원에서 2018년도에 수의 계약으로 체결한 사방댐 설치사업 설계용역을 수행하다가 실수한 적이 있었다. 시공자에게는 약간의 손해가 있었고 발주처에서는 예산집행에 어려움이 있었다. 이 일로 인해 필자는 다소 신뢰를 잃게 되었다.

현장에서 조사 도면 작성까지는 무난히 했으나 내역서를 산출하는 과정에서 사방댐 주재료인 야면석 자재대에 오류가 있었다. 엑셀 프로그램으로 수량 산출을 오류 없이 잘해 놓고서 내역서 작성 프로그램인 ST-mate에 입력하는 과정에서 실수한 것이다. 설계서 최종 제본 전 다시 한번 동료에게 도면과 수량 산출 내역서 일치 여부를 확인했는데 찾아내지 못한 것이다.

초기에 저지른 실수, 무지에서 나타난 과오를 시간이 흘렀음에도 불구하고 똑같이 반복한다면 산림공학 발전은 커녕 퇴보할 것이다. 필자는 여전히 실수하고 있다. 고의적 실수나 기본적인 실력이 되지 않을 경우 설계 수행능력을 의심해야 한다. 이 책은 필자가 저지른 과오를 세상에 들추어 냄으로써 동일한 실수를 반복하지 않았으면 하는 마음에서 출간하는 것이다. 부족하지만 오늘도 다른 과오를 범하지 않기 위해서 고민하고 글을 쓴다.

이단공단以短攻短이라는 사자성어가 있다. 자기의 잘못은 생각도 하지 않고 남의 잘못을 비난한다는 뜻이다. 본문에서 언급한 업체와 당사자들이 충분히 나에게 할 수 있는 말이다. 그분들에게 사과 드린다. 그분들과 나의 실수를 산림분야에

입문하는 후배 기술자들에게 알려줌으로써 과오를 되풀이하지 않는다면 '선진 산림 강국 대한민국'이라는 명성을 이어갈 수 있을 것이다.

2017년 6월 자이언트 북 컨설팅에서 책쓰기 수업을 3주간 듣게 되었다. 책쓰기 보다는 이은대 작가의 애민사상을 배울 수 있었다. 행복을 찾을 수 있었고 인생 목표가 더욱 명확해졌다. 이은대 작가는 블로그를 통해 매일 글 쓰는 삶, 왜 글 쓰는 삶을 살아야 하는지 가르쳐 주었다. 덕분에 2018년 4월 필자의 첫 번째 책 「감사가 긍정을 부른다」를 출간 했고 이제 두 번째 책을 마무리한다. 글 쓰는 삶을 이끌어 준 이은대 작가에게 감사드린다.

두서없이 쓴 글을 출간할 수 있도록 많은 격려와 힘을 보태

준 조신영 작가에게도 감사드린다. 도서출판 클북 한주은 대표에게도 고마움을 전한다.

 2018년 8월, 클래식북스에서 개설하는 생각학교ASK 1기 모집 공고를 보고 지원했는데 실력이 턱없이 모자란 김영체를 합격시켜주었다. 남들은 시장에 팔 물건을 잔뜩 가지고 가는데 난 거름지고 간 꼴이었다. 가진 것이라고 아무것도 없이 그저 남들이 장에 가니 거름이라도 지고 가는 용기를 낸 셈이다. 지난 학기 동안 과제 제출에 게을렀으며 고전 읽기도 제대로 하지 못한 불량 학생이었다.

 이런 불량 학생을 1기생이라는 이유로 많은 관심으로 이끌어 준 생각학교 동료 연구원들에게도 감사의 인사를 드리며 이 책 출간 과정에서 베풀어준 관심과 격려 또한 잊지 않을 것이다.

  산림분야 용역과 사업시행시기가 연중 골고루 분산되어 있지 않다. 보통은 낙엽이 지는 가을부터 봄까지 설계용역 업무가 몰린다. 봄부터 가을까지는 현장에서 공사가 이루어지는 편이다. 필자가 하는 용역은 주로 겨울철에 바쁘고 여름철에는 한가하다.

  일부 업체에서는 학연, 혈연 등 인맥을 엮으면서 많은 일거리를 수주해 1년 내내 바쁜 업체가 있다고 한다. 인맥을 통한 일은 잠시 반짝 이어질 수 있겠지만 오랫동안 지속할 수 없다. 지속성을 가지려면 실력과 정성이 있어야 한다.

  멀리 날기를 원한다. 타 업체의 바쁜 일정을 부러워하지 않는다. 다만 매일 사색하면 글을 쓰지 못하는 내가 부끄러울 뿐이다. 몇 가지 글감을 생각해 두었음에도 자꾸 차일피일 글쓰기를 미룬다. 내리막길이 주는 편안함과 나태에서 벗어나 다시 비상을 준비하는 오르막길을 힘껏 내딛기 위해 이 책을 세상에 내놓으며 스스로 다짐의 한마디를 외친다.
"나는 지식과 인격을 갖춘 행동하는 기술사다."

녹음 綠陰이 출렁이는 계절에
저자 김영채